ENVIRONMENTAL DESIGN 城市景观设计教程

高等院校环境艺术设计专业规划教材

⊙ 龚立君 编著

中国建筑工业出版社

图书在版编目（CIP）数据

城市景观设计教程/龚立君编著．—北京：中国建筑工业出版社，2007
高等院校环境艺术设计专业规划教材
ISBN 978-7-112-08918-5

Ⅰ.城... Ⅱ.龚... Ⅲ.城市－景观－环境设计－高等学校－教材
Ⅳ.TU-856

中国版本图书馆CIP数据核字（2007）第069377号

本书分五章，从景观与环境的关系谈起，继而引出城市景观的演变与发展，随之重点讨论现代城市景观的设计要素，景观与建筑组群及空间的布局关系，景观在日照、通风、降噪方面所起的作用，进而延伸至城市景观的分类及设计要点。本书的编排从理论与实践的结合上作了有益的尝试，力求为广大的景观设计及相关专业的高等院校学生提供可依据的教材，为景观设计的从业人员提供可方便查阅的资料。

责任编辑：张　晶
责任设计：崔兰萍
责任校对：王　爽　刘　钰

高等院校环境艺术设计专业规划教材
城市景观设计教程
龚立君　编著

*

中国建筑工业出版社出版、发行（北京西郊百万庄）
各地新华书店、建筑书店经销
北京嘉泰利德公司制版
北京凌奇印刷有限责任公司印刷

*

开本：880×1230毫米　1/16　印张：7¾　字数：200千字
2007年7月第一版　　2013年2月第四次印刷
定价：**23.00**元
ISBN 978-7-112-08918-5
　　　　（15582）

版权所有　翻印必究
如有印装质量问题，可寄本社退换
（邮政编码100037）

序 言

"城市景观设计"课程是天津美术学院环境艺术设计系开设的主干课程之一。该课程涵盖了城市景观的演变和发展、城市设计与规划（与景观相关部分）、可持续发展的生态景观设计理念等城市景观设计的系统理论知识。既强调理论系统性，又具有综合性很强的设计实践因素。多年艺术背景下的环境艺术设计的教育现状，需要跨学科知识的融入。这是培养创造性人才所必需的，是办好环境艺术设计教育、适应社会经济与文化发展需求之必然。在我院教学改革深化阶段，我们调整了师资队伍的学缘结构与知识结构，根据环境艺术设计领域的发展趋势和人才需求的特点，调入了建筑学与城市规划专业的师资，完成了学分制模式下的环境艺术设计专业的培养方案与课程大纲。

本课程通过几年的教学实践，教学效果良好，学生的专业设计能力普遍得到强化、提高。尤其在吸纳跨学科的建筑学与城市规划专业的知识方面成果突出。学生毕业后能够迅速适应景观设计的专业需要，学生专业素质较高，受到用人单位的好评。这些均得益于我们的教学改革力度和把握人才培养目标的功效。

本书以我们的课程教学内容为主，并参考了许多兄弟院校的课程教学实践，又根据我们学生的实际情况进行了精心的编排，尽量使教学内容既全面深入又涉及当今景观设计的前沿问题。希望能使学生在较短的时间内快速、系统地掌握实用的专业知识和应用能力。

此书的出版得到了各兄弟院校和中国建筑工业出版社的大力支持，在此表示感谢！同时也借此书出版之机，与更多的兄弟院校交流、学习，为景观设计专业教育提供共同探讨的平台，以期提高我们的景观设计教育水平，向社会输送更多的人才。

天津美术学院艺术设计学院院长

前　言

在写本书之前，我阅读了大量的书籍，如《现代景观设计教程》，《现代景观规划设计》，《景观艺术设计》，《城市景观细部》，《建筑环境共鸣设计》等等。它们都从不同的侧面阐述了城市景观设计应思考的问题，那为什么我还要写这本书呢？通过本书想解决哪些问题呢？

我是这样考虑的。我在天津美院从事城市景观设计课程的教学中，把自己读过的书和在社会上大量实际工作的经验结合起来给学生讲课，一个年级又一个年级，虽然课讲得有声有色，但学生真正做起城市景观设计来还是进步不大，他们不知道如何下手去解决实际问题。这使我思考了好久，究竟如何能使学生不仅听了，理解了，还能变成自己能用的知识呢？最简单的办法就是知识的重复和练习，而教材的作用在此不可忽视。

教材的编写有注重知识的纵深度，有注重知识的广泛涵盖度，或兼而有之。这本书的初衷是想照顾涵盖面，因此对观点的分析和探讨没有过多涉及。

另外，城市景观的发展历程是这本书的重点内容，我想借此告诉学生从历史的角度分析此领域的发展演化，从而更深入地理解当代城市景观的中心任务和使命。

书中借鉴了很多专家、学者的研究成果，在此深表感谢。由于作者本人水平有限，难免有偏颇甚至谬误之处，恳请广大读者予以批评指正。

目 录

导　言 ... 1

第1章　景观与环境
1.1　景观环境释义 ... 6
1.2　城市景观环境设计的基本内容 ... 7

第2章　城市景观的演变与发展
2.1　经验与传统导向的景观选择 ... 12
 2.1.1　古埃及的景观设计 ... 12
 2.1.2　古代西亚的景观 ... 13
 2.1.3　古希腊的景观 ... 14
 2.1.4　古罗马的景观 ... 15
 2.1.5　中世纪欧洲的景观 ... 18
 2.1.6　文艺复兴时期的景观 ... 21
 2.1.7　法国的景观设计 ... 25
 2.1.8　意大利风格 ... 30
 2.1.9　东方体系及东西方景观园林比较 ... 34
2.2　工业化生产导向的景观取向 ... 38
 2.2.1　西方现代景观设计的产生 ... 38
 2.2.2　现代建筑运动的先驱与景观设计 ... 39
 2.2.3　现代景观流派的形成 ... 44

2.3　可持续发展导向的生态景观环境设计 ... 51

第3章　城市景观设计
3.1　城市景观环境与艺术 ... 56
3.2　城市景观设计要素 ... 57
 3.2.1　景观设计基础 ... 57
 3.2.2　景观设计的要素 ... 63
3.3　城市景观概要 ... 77
 3.3.1　城市绿地系统规划 ... 77
 3.3.2　城市开放空间 ... 79
 3.3.3　自然景观保护 ... 82
 3.3.4　人类学景观和历史景观保护 ... 83
 3.3.5　庭院设计 ... 83

第4章　建筑景观环境艺术
4.1　行为活动与建筑组群设计 ... 86
4.2　日照、通风、噪声与建筑组群设计 ... 87
 4.2.1　日照 ... 87
 4.2.2　通风 ... 88
 4.2.3　噪声 ... 88
4.3　空间景观环境与建筑组群设计 ... 89

第5章 城市景观的分类

5.1 城市雕塑等公共艺术与景观艺术设计 94
5.1.1 公共艺术是城市综合环境形态的一部分 94
5.1.2 公共艺术与景观元素的整合 95

5.2 街道景观设计 99
5.2.1 街景与环境 99
5.2.2 街心公园景观规划设计 99
5.2.3 道路交叉口景观设计 100

5.3 广场景观规划设计 100
5.3.1 广场景观规划设计基本要素 100
5.3.2 解决多功能需求 101

5.4 滨河带景观规划设计 103
5.4.1 保持内在持久的吸引力 103
5.4.2 生态化滨水驳岸 104

5.5 景观规划设计的现代倾向 104
5.5.1 景观的人文化倾向 105
5.5.2 景观的后工业化倾向 105
5.5.3 景观的生态化倾向 107
5.5.4 景观的艺术化与个性化倾向 113

参考文献 116

结束语 117

导 言

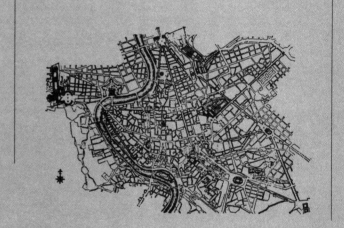

导 言

什么是城市景观？1885年，J·温默（J.Schwemmer）将景观引入到地理学的概念中。19世纪初期的德国自然地理学家洪堡德（Alexander von Humbott）和原苏联景观地理学派库恰耶夫（Vasili Vasilievich Dokuchaev）等人的学术思想中也有了类似的概念。作为设计学科之一的景观设计的概念是什么呢？景观设计主要包括哪些方面？从景观学科的词义来源来看，其英文（Landscape Architecture）的直译为"景观建筑学"，相当一部分学者认为景观设计是建筑学学科的延伸，因为事实上许多景观设计师同时也是建筑师，很多景观设计项目也是由建筑师完成的；但另外一些学者和专业人士则持有不同的看法，他们认为景观应该和雕刻、绘画、建筑一样是同一层次的艺术和学科门类。它应该涵盖哪些范畴？要想准确回答这个问题还有些困难。首先应搞清楚景观设计是指什么？然后，是否可以这样理解：城市景观设计就是景观设计在城市范围内的一部分（图0-1）。从学科的角度上讲，建筑学、城市规划、景观建筑学是很明确的专业学科。我国在学科设置上，景观学是跨在城市规划和风景园林之间的，宏观景观设计在城市规划学

图0-1 卡拉斯科广场

科中有所涵盖，微观景观设计是风景园林学科的重点。现代景观环境规划设计包括作为视觉美学意义上的概念（与风景同义）、作为地学概念（与地形、地物同意）、作为生态系统的功能结构。

1. 广义的景观设计学

麦克哈格（Lan Lennox McHarg）认为景观设计是多学科综合的，是用于资源管理和土地规划的有力工具，它强调把人与自然世界结合起来考虑规划设计问题。约翰·O·西蒙兹（John Ormsbee Simonds）曾提到，景观研究是站在人类生存空间与视觉总体高度上的研究。他认为：改善环境不仅仅是纠正由于技术与城市的发展带来的污染及其灾害，还应该是一个创造的过程，通过这个过程，人与自然和谐地不断演进。在它的最高层次，文明化的生活是一种值得探索的形式，它帮助人类重新发现与自然的统一。刘滨谊认为景观设计是一门综合性的、面向户外环境建设的学科，是一个集艺术、科学、工程技术于一体的应用型专业。其核心是人类户外生存环境的建设,故涉及的学科专业极为广泛、综合,包括区域规划、城市规划、建筑学、林学、农学、地学、管理学、旅游、环境、资源、社会文化、心理等。俞孔坚认为景观设计既是科学又是艺术，两者缺一不可（图0-2）。

2. 狭义的景观设计

场地设计和户外空间设计是景观设计的基础与核心。盖丽特·雅克布（Garret

图0-2 位于阿姆斯特尔芬的栖息地公园

Eckbo）认为景观设计是在从事建筑物道路和公共设备以外的环境景观空间设计。景观设计中的主要要素是：地形、水体、植被、建筑及构筑物，以及公共艺术品等，主要设计的对象是城市开放空间，包括广场、步行街、居住区环境、城市街头绿地以及城市滨湖、滨河地带等（图0-3）。所以景观设计也可以说是处理人工环境和自然环境之间关系的一种思维方式，一条以景观为主线的设计组织方式。无论是大尺度还是小尺度的设计，都以人和自然最优化组合和可持续性发展为目的。

图0-3 景观公园

第1章
景观与环境

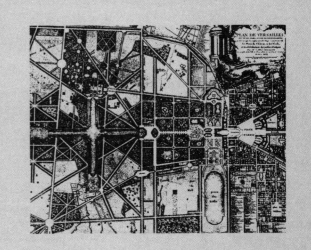

第1章 景观与环境

1.1 景观环境释义

1. 现代景观与传统园林

现代景观三元素（视觉景观形象、地理学、生态学）对于人们景观环境感受所起的作用是相辅相成、密不可分的。通过以视觉为主的感受通道，借助于物化了的景观环境形态，在人们的行为心理上引起反应（图1-1）。一个优秀的景观环境为人们带来的感受，必定包含着各元素的共同作用。这也就是中国古典园林中三境一体——物境、情境、意境的综合作用。

追根寻源，园林在先，景观在后。园林的形态演变可以用简单的几个字来概括。最初是圃和囿。圃：菜地；囿：一块圈起来的地，内养动物。在此基础上，进一步人工加以取舍而成园，保护培育而成林。从中不难看到圃—囿—园—林这样一个来龙去脉。

2. 有关概念的区别和比较

（1）景观设计（Landscape Architecture）和造园（Gardening） 造园多是为了满足少数人的欣赏目的，不具备公众观赏性，相比之下现代景观设计更强调大众性和开放性。造园设计规模往往局限在一定的区域内，如皇家园林、寺庙园林、现代公园，其功能的复杂性和对于城市的作用却不能和现代景观设计相比（图1-2）。

图1-1 带有水循环系统的公园一景
图1-2 苏州拙政园

景观设计师通过对现有土地的规划设计，使其改良以适应人类不同的需求。景观设计的对象是多样的，它包括：城市公共空间、风景区、整个城市和区域范围内的绿地系统和生态系统的规划。

（2）景观设计和环境艺术设计　环境艺术设计是一个较为宽泛的概念。总的说来，环境设计包含所有人工环境设计，但目前中国诸多艺术院校开设的环境艺术课程中，主要包括室内环境设计。而景观设计是以规划设计为手段，集土地的分析、管理、保护等众多任务于一身的学科。

1.2　城市景观环境设计的基本内容

景观的基本成分可以分为两大类：一类是软质的东西，如树木、水体、和风、细雨、阳光、天空；另一类是硬质的东西，如铺地、墙体、栏杆、景观构筑物。

从美学角度来看景观设计，建造一个园林，并不是因为园子中植物或者动物有什么实用价值，而是为了追求一种精神享受（图1-3）。审美体验也就成为我们从事景观设计的美学基础。景观设计是在现有基地的基础上，有意识地去组织风景，并将其串联在一起，如同写文章一样。这就需要设计师在设计之初脑中先要有景观意象，意在笔先，布局平面在后，这是景观设计的一个基本道理。

从生态角度看景观设计："最快乐的人是和自然最为亲近和谐的人"。人类在享有自己创造带来的便利时，也受到了和自然日益隔离而引发的伤害。麦克哈格

图1-3　扬州个园

的《设计结合自然》(Design with Nature) 一书将景观设计带到了一个生态结构优化的高度。他认为：美是人与自然环境长期交往而产生的复杂和丰富的反应。在根本上改善了人类聚居环境，利用城市绿地来调节微气候、缓解生态危机成为景观设计在 21 世纪新的任务。

从城市管理的角度看景观设计，环境设施极其重要，包括城市标识、广告牌、游乐场、邮筒、垃圾箱、路灯等（图1-4）。

1. 现代景观规划设计是为大众服务

现代景观设计强调面向群体的观念。而古代的景观园林相对而言服务人数较少，园林精品只为少数人所享受。这也就是现代景观与传统园林的区别。

现代景观面向大众最典型的是广场设计。Square 与 Plaza，前者规模较大，后者原指有喷泉的十字路口。现代景观规划设计需要考虑的最基本的问题有三点：其一，意义的问题、文化的问题、精神的问题，转化为图面即形象，这是狭义的景观。其二，使用的问题，作为开放空间，它是公有的，不是私人领地，任何人都可以去玩，可以晒太阳，总统与平民在这里没有高低之分。其三，绿化、创造环境，一方面给人以优雅的环境，另一方面也给其他动物一个栖息的场所。

中国历史上延续下来的开放空间的传统是"街"，而西方正好与它相对，是面状、块状的形式。现代景观规划设计讲求自然环境生态，其所要考虑的方面即阳光、空气、植被、动物、水、土、气候等，与中国古代地理学中的堪舆即"风水"，有一定的联系。正是由于这方面的联系，所以哪怕是激进的现代景观规划师对于"风水"也并不陌生。

图1-4 城市景观

2. 现代景观规划设计包含城市设计内容

城市设计与整个城市的规划是紧密结合的，它必须考虑一个个单体建筑。同时，在空间布局组织上，主要是由贯穿于整个城市开敞空间的景观来控制协调的。所以城市设计需要由懂建筑、规划、景观、视觉、文化、历史的人来做。可以说城市设计是从 Open Space（开敞空间）入手开始做的，配合着这一空间再把建筑一个个放进去，然后考虑一些形象的问题。作为统领开敞空间的城市景观与城市设计的关系极为重要，这不仅仅是所谓的风貌规划，还需要从景观规划设计的角度，从景观开敞空间、绿地、生态着眼，首先为城市留有起码的"空地"。

3. 现代景观规划是城市规划的重要组成部分

现代景观规划与城市总体规划有紧密的联系，对城市的总体环境建设起着举足轻重的作用。城市绿化系统规划所考虑的景观元素更加接近现代景观设计理论，这些元素是比较广义的，强调大环境、大生态，并考虑水系、水质、土壤、地质、大气、绿化、游憩空间等景观规划要素。

4. 现代景观规划设计重视风景区的保护与开发

旅游度假区规划与城市规划相比侧重点不同，对于大范围的旅游度假区规划，除了侧重山体、水面、植被、交通考虑外，还要考虑诸如环境、生态、社会、文化、历史、经济等方面的内容。

5. 现代景观规划成为重要资源

现代景观规划设计中的另一大领域，已经超脱于规划，把景观当作一种资源，就像对待森林、煤炭等自然矿产资源一样，研究如何对其加以保护、开发。中国是风景资源、旅游资源的大国，如何评价、保护、开发这两大类资源是很重要的工作。它涉及面广，不仅与人口、移民、寻求新的生存环境相联系，而且包括社会学、哲学、地理、文化、生态等方面内容。

美国现代景观设计的创始人奥姆斯特德（F.L.Olmsted）设计的纽约中央公园已成为纽约城中的一块绿洲，极具先见之明地给城市提供了大片的绿地和休憩场所（图1-5、图1-6）。欧美的城市公园运动是现代景观设计的一个序幕，它表明景观设计必须考虑更多的因素，包括功能与使用、行为与心理、环境艺术与技术等。

6. 人与景观环境的关系

人类的户外行为规律及其需求是景观设计的根本依据。一个景观规划设计的成败、水平的高低以及吸引人的程度，归根结底，就看它在多大程度上满足了人类户外环境活动的需要，是否符合人类的户外行为需求。至于景观的艺术品位，是见仁见智的话题，对于面向大众群体的现代景观，个人的景观喜好要让位于大多数人的景观追求。所以，考虑大众的思想、兼顾人类共有的行为，群体优先，这是现代景观规划设计的基本原则。

图1-5　美国纽约中央公园
图1-6　美国纽约中央公园鸟瞰图

(1) 人是景观环境的主体，景观设计是为人类创造更舒适、和谐的人工环境和自然环境。

(2) 景观环境为人类提供生存活动空间。

(3) 人与自然相辅相成。

7. 城市景观的内容

现代景观设计在城市中无处不在。城市的建筑、街道、公园、绿地、水系、山丘都是城市景观的组成部分。城市景观涉及的不仅仅是人类生存的空间，更包含了人们的生活方式以及社会和文化等各个领域。由起伏的地形、河流、桥梁和建筑构成的城市空中轮廓线体现了一个城市的特征，让居住在其中的人们引以自豪。而城市街道和公共空间的各种设施让人们体会到便捷与周到。这些深深吸引着游客，给他们留下美好的印象。城市中的居住环境更是反映了当地文化的大部分特征。因此，城市中的许多元素都与景观牵连。现代景观设计涵盖大到城市生态环境的选择和保护，小到一个雕塑、一片草坪。但所有的这些都需要社会各种知识和力量的配合，不是某个或某几个专业所能够完全完成。

8. 影响城市景观的因素

影响城市景观的因素归纳起来有几点：

(1) 自然条件的影响　如气候条件直接导致植物种类的差别，温差、风、降雨、日照直接影响建筑的形式等。

(2) 经济发展状况的影响　随着富裕程度的提高，人们对生存环境景观的要求和关注程度提高。

(3) 传统生活习惯的影响　不同地区由于生活习惯的差别，对环境景观的要求也不尽相同。

(4) 社会文明程度的影响　文明程度越高，对环境景观的建设和保护意识越强。

第2章
城市景观的演变与发展

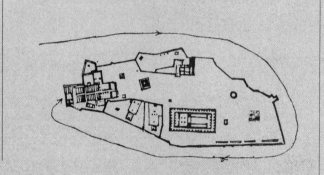

第 2 章　城市景观的演变与发展

2.1　经验与传统导向的景观选择

在整个世界范围内，中部文明（起源于美索不达米亚地区）、东部文明（起源于印度、中国、日本和东南亚）和西部文明（起源于埃及）的景观自成体系。自 1700 年以后，各种文明的交流和影响变得非常普遍，文化之间的传播令世界大同成为趋势，现代景观设计虽然保留了各地文化的特色，但是，设计理念逐步得到一致的认可。

2.1.1　古埃及的景观设计

埃及是欧洲文明的摇篮，贯穿南北的尼罗河每年定期泛滥，沉积平原土壤肥沃，孕育了灿烂的古代文化。由于地理原因，少有广饶的森林，气候炎热，阳光强烈，所以很早埃及人就非常重视人工培育植被和树木。因此，埃及人的园艺技术发展得较早。埃及人居住的房屋大多是低矮的平屋顶，富人的住宅周边建造了精美的庭院。庭院中有矩形蓄水池，池旁还有凉亭供人休息，树木大多成行种植，在庭院中心处还有成排的拱形葡萄架（见于底比斯第十八王朝陵墓中绘画）（图 2-1）。整个庭院基本上采取规则的几何形对称布局，其中水池是庭院中必不可少的，水池中还有水生植物，饲养着水禽和鱼类，这可能与古埃及炎热的气候有关。

在埃及仍然残留的文化遗迹中，最为雄伟壮观的当属金字塔了，它是法老的身体和现实之间永恒的精神纽带。巨大的金字塔群在埃及三角洲和第二大瀑布之间与尼罗河形成了超越自然的连续直线形景观。巨大的人工构筑体和稳定涨落的尼罗河水共同形成了埃及人心目中永恒的秩序，这一切都成为埃及文明存在的最可靠证据。金字塔建筑实际的使用空间是很小的，其真正的艺术感染力在于原始的人造体量和周边环境形成的尼罗河三角洲的独特风光（图 2-2）。

图 2-1　埃及陵墓中的绘画

 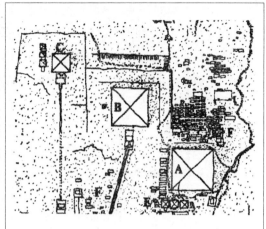 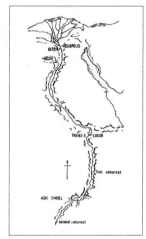

图2-2 埃及金字塔外观

2.1.2 古代西亚的景观

古代埃及文明发展的同时，幼发拉底和底格里斯两河流域的美索不达米亚文明也在兴起。两河上游山峦重叠，人们在那里学会了驯化动物、栽培植物，并开始将聚居区从山区迁往两河流域。为了抵御洪水的侵袭，苏美尔人在不断地改善自然环境，他们组织起来进行水利建设，这种组织超越了原有的家庭或村庄单位，从而促进了城邦的形成（图2-3）。而后分散的城邦又结合成单一的帝国，建都于巴比伦（图2-4）。

图2-3 苏美尔城邦
图2.4 巴比伦帝国

说到美索不达米亚地区的景观，最著名的是巴比伦的空中花园。新巴比伦城是公元前7世纪至公元前6世纪在原巴比伦城基础上扩建而成的。整个城市横跨幼发拉底河，厚实的城墙外是护城河，城内中央干道为南北方向，城市西侧就是被誉为世界七大奇迹之一的空中花园。空中花园毁于公元前3世纪，整个花园建在一个台地之上，高23m，面积约1.6hm²，每边120m左右，台地底部有厚重的挡土墙，厚墙的主要材料是砖，外面涂沥青，可能是为了防止河水泛滥时对墙的破坏。在台地的某些地方采用拱廊作为结构体系，柱廊内部有功能不明的房间。整个台地被林木覆盖，远处看去就像自然的山丘（图2-5）。

2.1.3　古希腊的景观

英国园林学家杰里科（G.Jellicoe）曾说：世界园林史上的三大景观原动力是中国、古希腊和西亚。古希腊是欧洲文明的发源地，希腊的文化孕育了科学和哲学，其艺术和文化对后来的西方世界，甚至全世界都有深远的影响。中心位置就是克里特岛（图2-6）。

克里特岛位于地中海东部，地理位置对于商业贸易来说极为理想。公元前30世纪初，来自小亚细亚或叙利亚的外来移民迁到了克里特岛这个盛产鱼、水果和橄榄油的岛屿。克里特岛上的建筑是敞开式的，面向自然环境，并建有美丽的花园，显示出和平时代的特点。科诺索斯城的王宫规模宏大，估计是几个世纪里陆续建成的，除了国王的宫殿、起居室，还有众多的仓库和手工业作坊。在城市里，克里特人安装了巧妙的给水排水系统，在雨季时，雨水顺利地通过下水道流走，下水道的入口很大，可供足够工匠进去检修。经受了北方民族的连续侵略后，在巴尔干半岛和爱琴海的岛屿上形成了很多小型城邦。出于防卫的需要，它们建

图2-5　巴比伦的空中花园
图2-6　克里特岛的景观

图2-7 希腊雅典卫城的平、剖面图
图2-8 古希腊的圣林

在高地上。我们可以看到的希腊人工景观遗址大多是卫城。雅典卫城是当时雅典城的宗教圣地，同时也是我们现在意义上的城市中心。该城由雕刻家费地负责其中的建筑和雕塑。卫城中主要的建筑有山门、胜利神庙、帕提农神庙、伊瑞克提翁神庙和雅典娜雕像。卫城中建筑和雕塑不是遵循简单的轴线关系，而是因循地势建造，并且在建造时充分地考虑了祭祀盛典的流线走向，考虑到人们从四周观赏时的景观效果。无论你从海上，从城市中，或者是在卫城周边的地方去观赏它，卫城中建筑体量之间的组合，以及卫城和周围平原、山丘之间的关系都是独具匠心的（图2-7），体现了古希腊人视觉艺术和景观艺术的直觉和创造力。古希腊的民主思想盛行，促使很多公共空间的产生，圣林就是其中之一。所谓圣林就是指神庙和周边的树林以及雕塑等艺术品形成的景观。另外还有一类比较重要的公共活动场地就是体育场。公元前776年，在奥林匹亚的运动场上，各城邦达成一致的协议，相互之间不应再有战争，而应采取体育比赛这种形式作为和平、竞争的象征，胜利者将冠以橄榄枝编成的花环。体育场向公众开放，最终发展成了和现代公园功能相近的开放场地（图2-8）。

2.1.4 古罗马的景观

约公元前500年，罗马成为独立的城邦。在之后短短的几年内，罗马征服了周围的民族，将势力延伸到亚平宁山脉到海岸的整个拉丁平原。到了公元100年，

图 2-9 古罗马别墅

古罗马帝国已经成为历史上罕见的强大帝国，在它的版图内聚集了多种民族，建成了多样的景观。

古罗马在奴隶制国家历史当中显得格外辉煌，它的城市规模、建筑、景观比起以往有了巨大的发展，所有这些都成为丰富的文化遗产。罗马鼎盛时期，其版图内的城市数以千计，形成了多样化的城市景观。古罗马城是帝国时期最为伟大的城市，占地2000多公顷，人口可能超过100万，城内贫富差距极大。穷人居住在拥挤的房屋里，没有任何卫生设备，街道上没有照明设备，富人大多有自己的别墅，有精心设计的庭院（图2-9）。在考勒米拉所著的《林泉杂记》中描述了卡西努姆别墅的情况，有小桥流水，河中有小岛，岸边有整洁的园路，极富自然情趣，建筑物有书斋、禽舍、柱廊和圆厅。古罗马庭院植物多用马鞭草、水仙、罂粟等，在庭院中还大量地建有喷泉和设计精巧的雕塑。古罗马城有大型公共设施，整个罗马城供水的渠道有11条，大部分是供给富人的别墅、公共浴室和喷泉。

古罗马时期城市建设中一个非常重要的内容是广场建设。古罗马广场的发展经历了从简单开放场地到有完整围合空间的过程。最初广场的功能是买卖和集众，偶尔也作为体育运动场地（图2-10）。刘易斯·芒福德（Lewis Mumford）在《城市发展史：起源·演变和前景》中写道："庙宇无疑是罗马广场最早的起源和最重要的组成部分，因为自由贸易所不可缺少的'市场规则'，是靠该地区本身的圣地性质来维持的。"维特鲁威在《建筑十书》中就已经提出了广场设计的若干

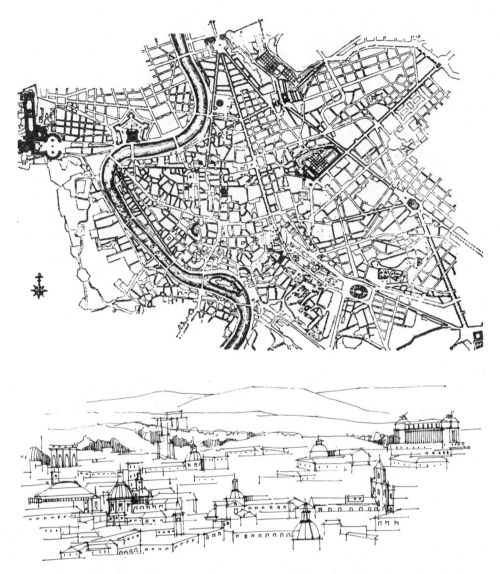

图2-10 罗马城的现状

准则，例如，广场的尺度需要满足听众的需要，可以将广场设计为长宽比为3：2的长方形。柱廊、纪功柱、凯旋门将古罗马的广场装扮得富丽堂皇，广场集中体现了那个年代严整的秩序和宏伟的气势。罗马市中心的广场群就是这样一个空间，它充分利用柱廊、纪功柱、凯旋门等元素塑造了威严的气氛，而成为帝王个人崇拜的场所。广场群中包括奈乏广场、奥古斯都广场、恺撒广场、图拉真广场。图拉真广场是其中最重要的广场，沿着中轴线不同尺度的空间串联在一起，形成了不同层次的空间感受，而图拉真纪功柱和图拉真骑马铜像则点明主题，又形成了景观空间的焦点。广场的设计者是叙利亚人阿波洛道鲁斯（Apollodorus of Damascus）（图2-11）。

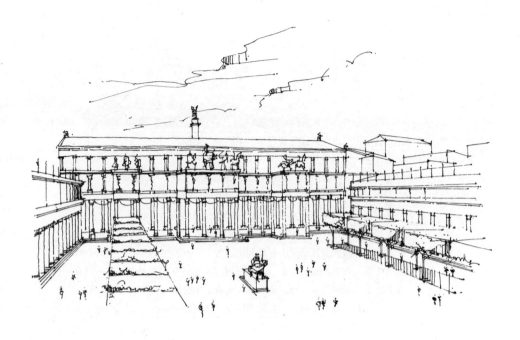

图2-11 古罗马帝国的复原图

2.1.5 中世纪欧洲的景观

公元330年，罗马皇帝君士坦丁将都城迁至东部的拜占庭，命名君士坦丁堡。公元395年，罗马分裂为东西两个帝国，西罗马帝国定都拉文纳，后为日耳曼人所灭，东罗马帝国以君士坦丁堡为中心，几经盛衰，1453年被日耳曼人所灭。

欧洲地处欧亚大陆的西端，历史学家斯塔夫里阿诺斯（L.S.Stavrianos）认为这种相对的遥远是欧洲在公元1000年后没有经受侵略的原因之一。同时，欧洲拥有有利的自然资源，地中海盆地气候温和，河流终年水量充足，曲折的海岸线提供了良好的运输条件。富含矿物资源的山脉也并没有严重地阻挡陆上交通。由于奴隶制的废除和封建制度的建立，比起古希腊和古罗马来说，生产技术得到了很大的进步（图2-12）。从罗马灭亡到公元1000年左右，教会极力宣扬禁欲主义，并且只保存和利用与其宗教信仰相符合的古典文化，而对那些更为人性化和世俗的文化加以打击，禁锢了文明的发展，历史学家们称这个时期为"信仰的年代"（图2-13）。

中世纪的城市建设因为国家和地域的不同而千差万别，但是总体水平却有了很大的发展。城市与乡村之间的差距并不很大，距离也很近。良好的环境助长了人们室外活动的热情，同时户外活动的发展也对室外环境提出了要求。刘易斯·芒福德描述了当时城市绿地和公园中那种惬意的气氛："中世纪城镇可用的公园和开阔地的标准远比后来任何城镇都要高，这些公共绿地保持得最好的，人

第2章 城市景观的演变与发展

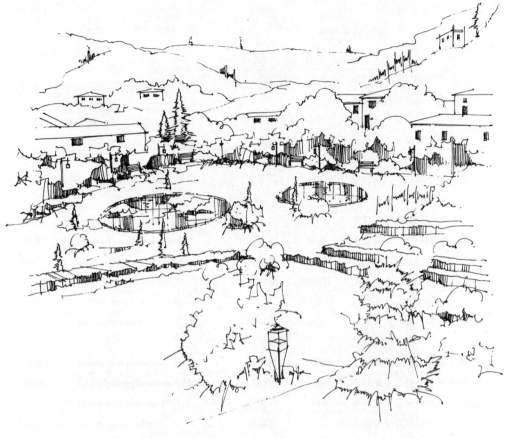

图2-12 欧洲的景观设计

图2-13 欧洲的景观设计

图2-14 城市平面图

们在屋外玩球、参加赛跑、练习射箭。"可见，中世纪的很多小城镇在发展规模和环境质量之间求得了一个非常好的平衡。但是人口密度的增加、城市的扩张最终将破坏这一平衡（图2-14）。

就城市环境而言，当时总结了很多经验，形成了与古罗马情趣各异的城市景观。那时的居民避免将街道建得又宽又直，阿尔伯蒂（Alberti）认为：中世纪的街道像河流一样，弯弯曲曲，这样较为美观，避免了街道显得太长，城市也显得更加有特色，而且遇到紧急情况时也是良好的屏障，弯曲的街道使行人每走一步就看到不同外貌的建筑物。这种城市的情趣是古希腊和古罗马城市无法比拟的。格弗瑞认为当时宗教气氛给了很多景观象征主义的意味，情感而非理智的中世纪景观对于未来有两个方面的主要影响：第一，成为18、19世纪浪漫主义的灵感；第二，成为非对称构图的美学标准及指导。中世纪的城市中教堂成为最主要的公共建筑，也成为最能体现当时建筑成就的遗产，诸多教堂对丰富城市的天际线起到了很大的作用（图2-15）。

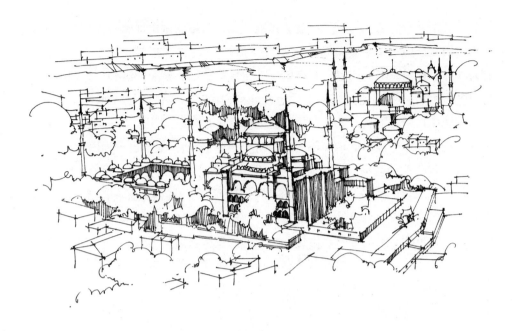

图2-15 土耳其的伊斯坦布尔

2.1.6 文艺复兴时期的景观

随着欧洲资本主义的萌芽，生产技术和自然科学都得到了巨大的发展，同时，思想文化方面也同样突飞猛进，以意大利为中心的"文艺复兴运动"便是其中之一。文艺复兴虽然表面上是知识分子对古典文化的重新审视和复兴，但其实质却是资本主义萌芽带来的思想文化变革。人们逐渐摆脱了教会和封建贵族的束缚，人文主义成为很多思想家和艺术家所倡导的意识形态，他们要求尊重人性、尊重古典文化、尊重古代贤哲般的完美人格。思想和个性从多年宗教的权威压迫下解放出来，人们重新审视古代希腊和罗马给人们留下的文化遗产，也注意到了自然界所具有的蓬勃生机，在这种历史背景下，无论是城市建设、建筑还是景观设计，都上升到了一个新的高度，并且对今天依然有着深刻的影响（图2-16）。

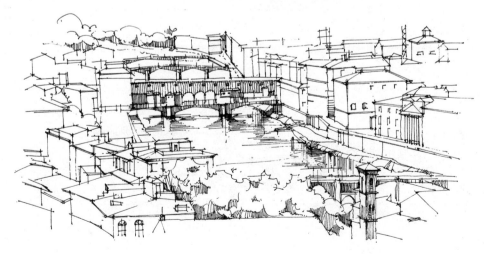

图2-16 意大利的佛罗伦萨

在城市建设方面,阿尔伯蒂重新审视了维特鲁威的城市理论,主张应从城市的环境因素合理地考虑城市的选址,如:地形、土壤、气候等,主张用理性原则来考虑城市建设。与此同时,富有阶层大量地建造私有别墅,这种行为刺激了园艺学的发展,古罗马的园艺成果成为设计师们学习、效仿和总结的对象,13世纪末克里申吉所著的《田园考》中将庭院分为三个等级,并且详尽说明了上层社会的园林设计。他提出庭院面积为20英亩(约8公顷)较恰当,周围应有围墙,南侧要设置美丽的宫殿,成为有花坛、果园、鱼池的安适住所;北侧要有绿荫,还可以防止风暴的袭击。阿尔伯蒂在1434年所著的《论建筑》中也谈到了他理想状态的庭院构思:用直线将方形庭院分割成几个小区,满铺草坪;用修剪成型的黄杨、夹竹桃、月桂等植物围边;树木种成直线状的一列或三列;在园路的末端建造古老式样的凉亭;以蔓藤缠绕的绿廊来形成绿荫;沿园路散布石质或陶土烧制的花瓶;花坛中央用黄杨作成庭院主人的名字;绿篱每隔一定距离修剪成壁龛状,里面设置雕塑;中央路的交叉处建有祈祷堂,周围为月桂绿篱;祈祷堂附近有迷园,其式样是由大马士革蔷薇的藤蔓缠绕成的绿荫;在有落水的山腰,造成凝灰岩洞窟,洞窟对面设有鱼池、牧场、果园和菜园(图2-17)。

这一时期的城市景观杰作中最为引人注目的就是威尼斯水城,其城市景观、自然景观都以河流为线索串联起来,一切都显得开朗活泼。形成于文艺复兴时期的圣马可广场为世界上最卓越的城市开放空间,广场东段是11世纪建造的拜占庭式的圣马可主教堂,北侧是旧的市政大厦,南侧为斯卡莫奇设计的新市政大厦,底下两层仿造圣马可图书馆的式样,上面的三层和旧市政大厦相呼应。主广场是梯形的,长175m,东边宽90m,西边宽56m,面积为1.28hm^2。与之相连的是总督府和圣马可图书馆之间的小广场,南端向大运河敞开。两个广场相交的地方有一座方形的100m高的塔,这座塔成为圣马可广场,乃至整个威尼斯的象征。和

图2-17 具有园林性质的景观设计

我们国内的很多广场相比,圣马可广场的面积和规模都不大,但是广场上总是洋溢着节日般亲切热烈的气氛,似乎保持了永久的活力。这可能就是这个"欧洲最漂亮的露天客厅"的迷人之处(图 2-18)。

16 世纪下半叶,人们的审美情趣也发生了转变,在设计上出现了与严谨的古典样式不同的巴洛克风格。这种倾向追求繁琐的细部表达,追求一种豪华感,打破整齐划一的形式,追求运动的、充满戏剧色彩的效果。这种戏剧效果的追求是以观赏者的视线为基础的,常常运用空间造型手法使观赏者产生错觉,那个时期的设计师醉心于光影和透视的变换带来的乐趣。在城市开放空间设计上,米开朗琪罗的卡比多广场是这种风格的先驱(图 2-19),罗马的圣彼得广场也是杰出的实例(图 2-20)。另外,在庭院设计方面,巴洛克时期很多水体的营造手法是

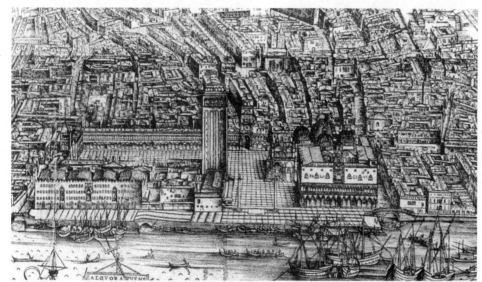

图2-18　威尼斯的古城图

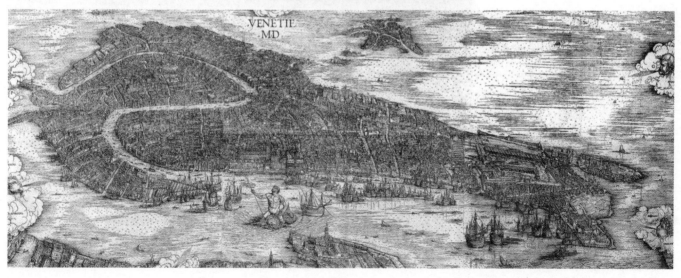

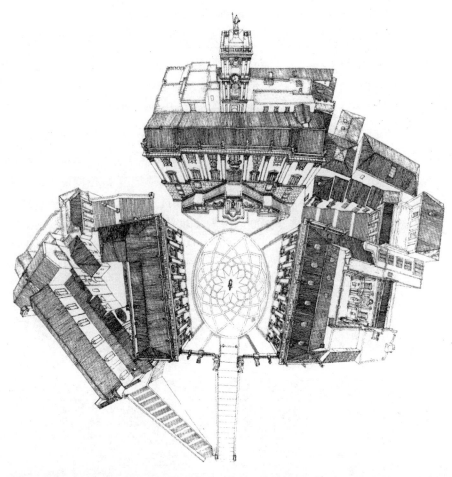

图2-19 罗马卡比多广场的鸟瞰图

图2-20 梵蒂冈圣彼得大教堂

独创的,喷泉的种类和造型更加多样化,有些还利用水的声响追求戏剧效果。这一时期的树木修剪也和以往不同,更加追求动感和变化,更多采用不规则修剪,使植物变得光怪陆离、新奇有趣。巴洛克式的景观给观赏者带来了戏剧般的视觉效果,同时,它对光学和透视的灵活运用对现代景观设计而言,仍然是很好的范例。

2.1.7 法国的景观设计

法国位于欧洲大陆的西部,国土总面积约为 55 万 km²,为西欧面积最大的国家。其平面呈六边形,三边临海,三边靠陆地,大部分为平原地区。由于它位于中纬度地区,故而气候温和,雨量适中,呈明显的海洋性气候。这样独特的地理位置和气候,为周边地区的交流提供了便利,也为多种植物的生存繁衍创造了有利的条件,从而为造园提供了丰富的素材。此外,在世界园林体系中,由于受法国文化、经济、思想意识等多种因素的影响,法国古典主义造园艺术在世界园林体系中独树一帜,影响深远,它的代表人物是安德烈·勒诺特,代表作品有孚-勒-维宫和凡尔赛园林。但就法国整个古典园林而言,其本身也经历了一个产生与发展的过程(图2-21)。

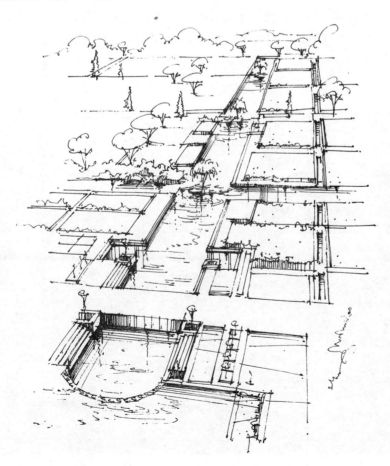

图2-21　凡尔赛园林

大约在公元 500 年，法国就已经有对供游乐的园子的简单描述。当时在王公贵族们的园子中，以实用为主，如栽种果树、蔬菜等植物，这样的形式可以看成是园林的萌芽时期。这与我国的古典园林中最初的园林形式囿——用以域养禽兽也是有所区别的。不过，从它的使用者来说，都是为了满足统治者的需要，这一点上又是相同的。此后，虽然在它的园林中增加了观赏植物的品种，并开始了观赏树木的修剪，但总体来说，在 12 世纪以前，由于整个社会经济和文化因素的制约，园林的经营处于低级水平，在整个发展过程中处于发展的萌芽时期（图 2-22）。

12 世纪以后，法国领土扩大，王权增强，巴黎渐渐成为全国的经济中心，为法国成为统一的中央集权国家创造了有利的条件，同时手工业和商业也得到了繁荣，随着经济的增长，贵族们逐渐追求更为豪华的生活方式，进一步促进了造园艺术的发展。并出现了利用机械装置设计的类似喷泉的水戏内容与动物园等形式，而且在国王查理五世（1368—1380 年在位）的圣保罗的花园里根据记载有利用植物做成的迷宫。不管它当时代表的历史意义如何，我们可以看出这一时期造园技艺有所提高，造园内容更加丰富。1373 年，英国向法国发动了战争。战争初期，法国受挫，加上疾病，致使法国人口减少，经济受挫，造园艺术基本处于停滞状态。经过近百年战争，于 1453 年以法国的胜利而告终，开始进入了经济复兴时期，国王路易十一（1461—1483 年在位）基本完成了国家

图2-22　法国的古代园林

的统一。在此期间,王族安茹大公瑞内除了建造豪华的宫廷外,还建造了拉波麦特花园,此花园打破了法国的传统格局,采用了自然式的布局,而且还成功地应用了中国造园中借景的手法,这一点与中国古典园林相似,注重自然和野趣。

文艺复兴运动使法国造园艺术发生了巨大的变化。16世纪上半叶,继英法战争之后,伐落瓦王朝的弗朗索瓦一世和亨利二世又发动了侵略意大利的战争,虽然他们的远征失败,但接触了意大利的文艺复兴文化,并受意大利文化影响深刻,对法国造园艺术有一定的影响。在花园里出现了雕塑、图案式花坛以及岩洞等造型,而且还出现了多层台地的格局,进一步丰富了园林的内容。比较有代表性的园子像东阿府邸的园子、迦伊翁的园子等。总的来看,这一时期园子的功能除了增加了游憩、观赏的功能外,仍保留着种植、生产的功能,总体规划很粗放(图2-23)。

图2-23 迦伊翁的园子

到了16世纪中叶,随着中央集权的加强,园林艺术也发生了新的变化。首先表现在建筑上,形成庄重、对称的格局,园林的观赏性增强,植物与建筑的关系也较为密切,园林的布局以规则对称为主,这一切主要是由于受意大利造园的影响,比较有名的有阿内府邸花园、凡尔耐伊府邸花园。16世纪到17世纪上半叶,在建筑师木坝阿和园艺家莫莱家族的影响下,法国造园从局部布置转向注重整体布局,并且也有运用题名、图像表达思想的记载,这与我国园林中应用景题、对联等似有同工之处。可见,这时园林的创造力、表达力明显增强。陈志华先生称这一时期为法国早期的古典主义时期。在倡导人工美、提倡有序的造园理念影响下,造园布局便注重规则有序的几何构图,这一理念同时在植物要素的处理上也有表现,他们运用植物以绿墙、绿障、绿篱、绿色建筑等形式出现,而且技艺高超,充分反映了他们唯理主义思想(图2-24)。

17世纪下半叶,法国的古典主义造园艺术得到极大的发展,最有代表性的是勒诺特尔,为法国国王路

图2-24 古典主义的景观设计

易十四设计的凡尔赛花园,成为古典主义的代表。宏大、壮丽、稳重,伴随着路易十四的宫廷文化,法国古典主义造园艺术传播到西班牙、俄罗斯、意大利乃至整个欧洲,影响极为深远。凡尔赛花园的总体布局是为了体现至高无上的君权,以府邸的轴线为构图中心,沿府邸—花园—林园逐步展开,形成一个完整统一的整体。而且以林园作为花园的延续和背景,可谓构思精巧。而园林布局则强调有序严谨,规模宏大,轴线深远,从而形成了一种宽阔的外向园林,反映了他们的审美情趣。在平展坦荡中,通过尺度、节奏的安排又显得丰富和谐。其宏大规模的功能是为了宫廷举行各种活动以容纳许多人,而国王路易十四喜欢的一处是瓷瓦里阿农便殿,装饰材料的应用是仿中国的瓷器建造的,可见中国的文化在那时就已有深远的影响了。此外,非常有名的花园还有勒诺特为富凯设计的孚-勒-维宫府邸花园,是他的第一个成熟的作品,造园艺术也非常高超。对于凡尔赛花园和孚-勒-维宫府邸花园的详细设计这里不再赘述,因为大凡喜欢园林艺术的人都解读过他们。纵观法国的历史不难看出,当法国步入文化高度发展的时期,成为全欧洲中的强国,在政治及文化方面都达到了辉煌的巅峰,在这样文化昌盛的时代,涌现这样优秀的园林作品也易于理解了(图2-25、图2-26)。

图2-25 凡尔赛花园

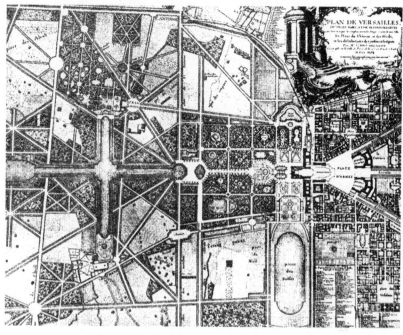

图2-26　凡尔赛花园局部
图2-27　凡尔赛宫平面图

　　法国庭园自16世纪以来，都采用了严格对称的形式，到17世纪，虽然受意大利的影响，但在整体设计及局部处理上仍未能达到统一，局部的变化也是零散的。勒诺特最重要的成就是将庭园与建筑看成一个整体，来设计雄伟而又统一的景观，并在他的具体设计中得到了成功的体现。凡尔赛宫苑的完成确立了法国古典庭园式样，随着路易十四辉煌历史的结束，进入摄政时代以后，凡尔赛宫苑就开始荒废了，直到1747年才得到复兴（图2-27）。

　　18世纪后，法国造园艺术又受到中国和英国的影响而发生了变化，追求亲切而宁静的氛围，是对法国古典主义造园艺术的一种冲击。宫廷式园林也发生了一些变化，增加了许多自然的味道。18世纪中叶，正当法国资产阶级成为一个新兴阶级崛起的时候，他的启蒙思想家们从中国借用孔孟的伦理道德观念作为反抗宗教神权统治的思想武器。随着海外贸易的开展，欧洲商人从中国带走了大量的工艺品，呈现出一种较高的东方文化。法国造园也进一步受到中国文化的影响。18世纪下半叶，由于受到启蒙运动的思想文化潮流影响，造园艺术又发生了根本的变化，对自然风景园林大为推崇。

　　另外，法国的造园艺术开始是出自建筑师之手，特别是古典园林受建筑的影响非常深远；另一方面也说明了法国建筑艺术的高超。有许多我们现在仍然能感受到的不朽之作，除了代表法国艺术精华的凡尔赛宫外，现存的还有世界最大的艺术博物馆——卢浮宫，它坐落在巴黎，除了在宫内陈列着许多艺术珍品，卢浮宫本身是一座巨大的建筑艺术珍品；波旁宫，是一座气势雄伟的有260多年历史的古典建筑；还有爱丽舍宫、卢森堡宫、巴黎圣母院、巴黎蜡像馆、凯旋门等许多优秀的建筑作品。有如此雄伟壮丽的建筑，建筑师手下的园林自然也脱不了宏大、气派，体现着宫廷文化。

格弗里教授总结了勒诺特在景观园林构图上的原则：

(1) 花园不再仅仅是宅邸的延伸，其本身已成为大片用地构图的一部分；
(2) 三维实体与中心对称的二维几何平面相对应，并兼顾地形；
(3) 用修剪过的篱笆作为空间限定，树木有秩序地排列；
(4) 通过水中倒影和向外无限延伸的林荫大道，将天空和周围环境融为一体，符合巴洛克式建筑特点；
(5) 尺度随着退离宅邸的距离而放大；
(6) 用雕塑和喷泉等艺术品来增添节奏感，并突出空间重点；
(7) 利用视觉心理引导人的视线积聚，而不是强加于人，利用引起视错觉的装置使视觉变得饶有趣味；
(8) 外观具有整体感，引人入胜，注重花园各部分细部的对比。

2.1.8 意大利风格

意大利风格还有着其自身的特点，尤其是还存在着和向来被视为欧洲古典园林典范和代表的法国勒诺特式园林明显不同的特点。

意大利位于欧洲南部的亚平宁半岛上，境内山地和丘陵占国土面积的80%。意大利的地中海气候与西欧的温带海洋性气候有明显的差异。这里夏季在各地平原上既闷且热，而在山丘上，哪怕只有几十米的高度就令人感到迥然不同，白天有凉爽的海风，晚上有来自山林的冷空气，正是这样的地形和气候特征造就了意大利独特的台地园（图2-28）。

意大利是罗马帝国的本土，当中世纪结束时，意大利人对帝国往昔的辉煌仍

图2-28 意大利的人文主义花园

然记忆犹新，而各种古罗马遗迹在意大利也是随处可见。古代的古典主义于是成为文艺复兴园林艺术的源泉。文艺复兴时期人们向往罗马人的生活方式，所以富豪权贵纷纷在风景秀丽的地区建立自己的别墅庄园。由于这些庄园一般都建在丘陵或山坡上，为便于活动，就采用了连续的台面布局，也就成为台地园的雏形（图2-29）。在以后的发展中，意大利造园家们在起伏的地形上创造出非常动人的景观效果。这些园林的构图由于受地形的限制都不能随心所欲，地形决定了园林中一些重要轴线的分布，规定了台地的设置，花坛的位置和大小以及坡道的形状等。建筑物的位置安排也要考虑其与台地之间的关系。因此台地园的设计从一开始就是将平面与立面结合起来考虑的。台地园的平面一般都是严整对称的，建筑常位于中轴线上，有时也位于庭院的横轴上，或分设在中轴的两侧。由于一般庄园的面积都不很大，又多设在风景优美的郊外，因此为开阔视野、扩大空间而借景园外是其常用的手法（图2-30）。这一点是东西方所共同重视的。在中国的造园中，这种例子举不胜举，如颐和园借玉泉山塔和佛香阁形成对景，在江南私家园林中由于面积狭小，这类手法就更多。不过中国在借景时往往会利用窗框、门框而做成框景的形式以增添画意。在总体布局上，意大利台地园往往是由下而上，逐步引人入胜，展开一个个景点，最后登高远眺，不仅全园景色尽收眼底，而且周围的田野、山林、城市面貌均可展现眼前，而给人以贴近大自然的亲切感。逐步地渐入佳境是东方园林的传统手法，但与意大利不同的是东方式的展开，乃是基于

图2-29 意式花园征服欧洲
图2-30 意大利的台地园

图2-31 意式园林

散点透视的卷轴画式的步移景换，是基于散点，而意大利虽然也是展开，却是颗粒性的分个呈现，所追求的仍是定点式的特定位置的欣赏，而其欣赏的顶点在于位处峰顶的鸟瞰（图2-31），这在东方园林中是极少的，这可能与东方文化的内敛性格有关。

在关于园林和建筑之间关系的处理上，意大利欧洲体系开创了把园林视为宅邸室外延伸部分理论的先河，这一理论也成为欧洲园林几何构成形式的生长基点。另外中轴线的设置也是意大利园林对欧洲体系的一大贡献。虽然早在古希腊罗马时代，中轴线已经开始出现，其最早还可以上溯到西亚的中心水道，但意大利台地园中的中轴却以山体为依托，贯穿数个台面，经历几个高差而形成跌水，完全摆脱了西亚式平淡的涓涓细流，而开始显现出欧洲体系具有的宏伟壮阔气势。而且庄园的轴线有些已不止一两条，而是几条轴线或垂直相交，或平行并列，甚至还有呈放射状排列的，这些都是从前所没有的新手法。东方的园林当然是不用轴线的，但也有一些例外，如避暑山庄的宫殿区部分和靠近宫殿区的园林前区，圆明园的大宫门口还模仿九州的形式也形成一条大致的轴线，而颐和园万寿山上的建筑布置由于立面意象很强，其轴线意味也就更加明显，至于紫禁城中御花园的构图则几乎是沿着整个皇城的大中轴布置的。这些园林无一例外都是北方的皇家园林，江南园林的小尺度中决不会有这种情况，这不仅有规模的因素，主要还是中国传统的礼教和封建皇权的威严要求所决定的。欧洲体系中典型的水法也是从台地园开始的。水因为可以使空气湿润，从而在意大利园林中占有重要的位置。由于位处台地，意大利园林的水景在不断的跌落中往往能形成辽远的空间感和丰富的层次感。在台地园的顶层常设贮水池，有时以洞府的形式作为水的源泉，洞中有雕像或布置成岩石溪泉而具有真实感，并增添些山野情趣。沿斜坡可形成水

图2-32 装饰过剩的意大利景观

阶梯，在地势陡峭，落差大的地方则形成汹涌的瀑布。在不同的台层交界处可以有溢流、壁泉等多种形式。在下层台地上，利用水位差可形成喷泉，或与雕塑结合，或形成各种优美的喷水图案和花纹，后来在喷水技巧上大做文章，创造了水剧场、水风琴等具有印象效果的水景，此外还有种种取悦游人的魔术喷泉。低层台地也可汇集众水形成平静的水池，或成为宽广的运河。设计者十分注意水池与周围环境的关系，使之有良好的比例和适宜的尺度。至于喷泉与背景的色彩、明暗方面的对比也都是经过精心考虑的（图2-32）。关于主体景物和周围环境的关系，东方体系也是很重视的，但东方的做法是以融合得了无痕迹为上乘，而非以背景衬托主体的静物写生式构图。

综合看来，意大利台地园作为欧洲体系的一个分支和其滥觞之所在，无疑也是以规整布置为主，与东方体系的模仿自然迥异其趣，但应该注意的是意大利台地园并不完全排斥自然。首先，其结合地形的设计思路就有明显贴合自然的意味，当然，东方园林自然式的地形处理方法决不会像意大利那样去将山坡切成几个台面，但利用地形来创造合适的景观还是两者所共有的思考方式，何况东方园林所处理的大都是些小山，甚至完全违反自然原理地仅用湖石堆山，比之于意大利的台地切山，谁更自然也还未有定论；其次，意大利台地园虽有中轴线的存在，但它在轴线两侧使用了退晕的手法，而使园景由人工逐渐过渡到自然，这令人想到颐和园也有同样的做法；另外，在植物的使用上，意大利台地园也少用几何式的修剪，而整个庄园的背景更是往往呈现自然的植被，确实有回归自然的意味，而与东方体系的自然景观相比则带有了更多的象征性。至于日本的枯山水则直接放弃了真实的自然而完全去追求宗教哲学上的一个抽象概念了。

2.1.9 东方体系及东西方景观园林比较

中国被称为世界园林之母，在这里诞生的东方体系最初形成可追溯到夏商时期，距今已有四千年历史。不过那时的园林基本上还处于圈地时期，直到秦始皇营造阿房宫和汉代的上林苑依然如此，而且园林的使用功能中还始终含有供天子和诸侯狩猎之用这一条。这种情况直到魏晋南北朝时代才有所改变。在这一时期，由于佛教和玄学的影响，人们开始更加主动地关注自然、模仿自然，从而开创了中国园林"虽由人作，宛自天开"的做法。唐代是中国封建社会繁荣的顶峰，各种艺术文化成就纷纷涌现，园林艺术在此时也进入了一个新的阶段，其标志在于唐代诗人王维的辋川别业的修建。王维的诗画以"诗中有画，画中有诗"著称，对于意境的追求是其重要特色，这座与自然山水风景结合的宅院也贯彻了这一思想。到北宋，抽象自然和象征自然在园林建筑中日益明显，成为中国园林的主要特色。从宋至清，是中国园林艺术的成熟期，其间名园举不胜举，单在苏州一地，就有沧浪亭、狮子林、拙政园、留园等一系列经典作品。此间东方园林对自然的模仿手法还传到西方，对欧洲园林的发展和现代园林风格的形成起到了重要的推动作用。

欧洲和伊斯兰体系之间存在着同源的关系，即都始于对古代西亚造园方法的模仿。只不过伊斯兰体系是在古巴比伦故土上发展的，和其所模仿的原型有着同样的气候和地理环境，所面临的主要问题就是对沙漠中珍贵的水源和植物的运用，所以对古西亚流派的手法保存得比较完整，而其视水如金的水法处理也是其最大的特色。当然当这一体系随着伊斯兰教的扩展而进入南亚次大陆后，因为这里的水资源比较丰富，再加上古印度文明深厚本土文化底蕴的影响，使传统的西亚派水法有了重大的改变而产生了伊斯兰体系的一个特殊支派。这里的园林不再使用谨慎保护水流的渠道和堤岸，不再只有狭窄的溪流潺潺和低矮的喷泉点点，而开始呈现河道横行和跌水纵流的景象，在泰姬陵前还有较为广阔的静水，植物的运用也向郁郁葱葱的方向发展，不过那种十字规划水道的基本法则还是保留下来。而有趣的是欧洲在学习古西亚造园法式时对其所进行的改造与印度对传统伊斯兰手法的变更有很大相似性。欧洲的水源也很丰富，植被更是繁茂，所以这里的造园同样摒弃了节约性用水的水法，而只使用了模仿伊甸园的四条水路分割法则。有赖于植物的丰富，后来欧洲又用大量的几何植栽来加强了这种分割，并以这种矩形划分为基础，衍生出一整套几何造园的理论，而水法的运用也日趋宏大，与伊斯兰体系已是大异其趣。但是尽管存在着巨大的不同，这两者之间无论是源流还是具体的手法上都有着很多的共同点。而与其所对立的东方体系则是完全自我生长和发展的另一套理论，从其审美基础、所生长的文化土壤到具体的理水、堆山、用树和园林建筑都有着判若云泥的差别。所以意大利园林风格与中国、日本园林的最大和最根本的不同就是东西方两种文化体系的不同，而比较的重点也应先放在东西方两种对景观的处理模式的比较上。

1. 东方风格

东方园林以自省、含蓄、蕴藉、内秀、恬静、淡泊、循矩、守拙为美，重在情感上的感受和精神上的领悟。哲学上追求的是一种混沌无象、清净无为、天人合一和阴阳调和，与自然之间保持着和谐的、相互依存的融洽关系。对自然物的各种客观的形式属性如线条、形状、比例、组合，在审美意识中不占主要地位，却以对自然的主观把握为主。空间上循环往复，峰回路转，无穷无尽，以含蓄的"藏"的境界为上。是一种模拟自然，追寻自然的封闭式园林，一种"独乐园"。其中某些流派如日本园林还将禅宗的修悟渗入到一草一木，一花一石之中，使其达到佛教所追求的悟境，在一个微小的庭院里营造出内心的天地，即所谓的"一花一世界，一树一菩提"，其抽象意味的浓重已达到了一种超出五感的直接与自然相融的默契，把人引向内省幽玄的神秘境界。东方的古典园林富有诗情画意，叠山要造成嵯峨如泰山雄峰的气势，造水要达到浩荡似河湖的韵致。这是为了表现接近自然，返璞归真的隐士生活环境，同时也是为了寄托传统的"仁者乐山，智者乐水"的理念。仿造自然，但又不能过分矫揉造作。在这样的园林中，可以达到"身心尘外远，岁月坐中忘"的境界，追求的是"抱琴看鹤去，枕面待之归"的生活以及"野坐苔生席，高眠挂竹衣"的趣味。东方园林的石有情，水有情，花木也有情味意趣。窗外露出树木一角，便是折枝尺幅，山涧古树几株，修竹一丛，乃是模拟枯木竹石图。东方园林妙在含蓄和掩藏，所以有"庭院深深深几许"；东方园林精在曲折幽深，小中见大，因而有"遥知杨柳是门外，似隔芙蓉无路通"。

2. 西方风格

西方园林则表现为开朗、活泼、规则、整齐、豪华、热烈、激情，有时甚至是不顾奢侈地讲究排场。从古希腊哲学家就推崇"秩序是美的"，他们认为野生大自然是未经驯化的，充分体现人工造型的植物形式才是美的，所以植物形态都修剪成规整几何形式，园林中的道路都是整齐笔直的。18世纪以前的西方古典园林景观都是沿中轴线对称展现。从古希腊古罗马的庄园别墅，到文艺复兴时期意大利的台地园，再到法国的凡尔赛宫苑，在规划设计中都有一个完整的中轴系统。海神、农神、酒神、花神、阿波罗、丘比特、维纳斯以及山林水泽等到华丽的雕塑喷泉，放置在轴线交点的广场上，园林艺术主题是有神论的"人体美"。宽阔的中央大道，含有雕塑的喷泉水池，修剪成几何形体的绿篱，大片开阔平坦的草坪，树木成行列栽植。地形、水池、瀑布、喷泉的造型都是人工几何形体，全园景观是一幅"人工图案装饰画"。西方古典园林的创作主导思想是以人为自然界的中心，大自然必须按照人的头脑中的秩序、规则、条理、模式来进行改造，以中轴对称规则形式体现出超越自然的人类征服力量，人造的几何规则景观超越于一切自然。造园中的建筑、草坪、树木无不讲究完整性和逻辑性，以几何形的组合达到数的和谐与完美，就如古希腊数学家毕达哥拉斯（Pythagoras）所说："整个天体与宇宙就是一种和谐，一种数。"西方园林讲求的是一览无余，追求图案的美，人工的美，改造的美和征服的美，是一种开放式的园林，一种供多数人享乐的"众乐园"。

归纳起来，我们可以看到东方园林基本上是写意的、直观的，重自然、重情感、重想象、重联想，重"言有尽而意无穷"、"言在此而意在彼"的韵味；而西方园林基本上则是写实的、理性的、客观的，重图形、重人工、重秩序、重规律，以一种天生的对理性思考的崇尚而把园林也纳入到严谨、认真、仔细的科学范畴。

具体再来看一些例子：

西方的古典园林最为代表的当然是法国的凡尔赛宫大花园，那种华丽与壮阔的美正来自于法兰西民族的浪漫与不羁，正如作家刘心武笔下所描绘的："那花园布局特点是简洁而豪放的，与宫殿垂直的中轴线上形成三次平面的下跌，每个宽阔坦实的平面上都主要由两种景观组成。一种是极其巨大、规整的水池，周围有众多的铜塑和喷泉；一种是栽种并修剪成异常整齐的几何图形的常绿灌木，而这种景观又以其中的中轴线一望无际和两侧绿篱花圃的严格对称夺人心魄……"

东方园林可以以中国江南文人园的造园理论和法式为例。凡是园林创造中有利于体现生活美、自然美与艺术美的各种景物，都是造园的物质要素，不仅有花草树木和鸟兽虫鱼，有峰峦岩崖及溪瀑湖海，有亭台楼阁、水榭山馆等各种建筑，还包括各种有利于构成园景的皓月、朝阳、晚霞、雨露等气候气象因素，以及与园林内容和形式和谐的书法、绘画、雕塑等艺术品。在这众多的造园要素中，最基本的是山水地形、花草树木、园路与建筑三类。

山在东方园林中是稳定的象征，常有"山骨"之称。水在园林里则是象征智慧和廉洁。

花木在园林中最富有生机，象征着欣欣向荣。有些花木还被赋予特殊含义。花木的培植要自然并讲究，同时注意保持古树和植被（图2-33）。

东方园林要求"曲径通幽"，因而建筑需要分散在自然要素之中，与自然景物融合在一起。园中的主要建筑往往和主山池泊相对，景色绝佳处常常有点景和观景的建筑。建筑和园路在园林中还起着分割空间和组织游览路线的作用，美的建筑应该是园林的点睛之笔。

图2-33 花木在园林设计中的应用

在造园设计时,除了重视上述三点外,还要考虑对景和借景、楹联和匾额以及风声、水声、钟鼓声、花香、草香、泥土香等多种媒介的参加。只要用心,碧空万里、峭壁千仞、明月繁星、春江渔火都可以成为赏心悦目的景物(图2-34~图2-37)。

图2-34 具有良好植被的花园
图2-35 植被与水景呼应

图2-36 植物层次分明
图2-37 植物色块在景观中的应用

2.2 工业化生产导向的景观取向

19世纪开始,大规模的工业生产使社会财富迅速增加,人们的审美观念也相应得到广泛的共识。而这一时期反应在手工业加工和大工业规模加工的对峙所兴起的工艺美术运动和新艺术运动对景观园林的影响是不容忽视的。

工艺美术运动的园林讲求简洁、浪漫,运用自然的植物群落作为种植的参照。同时在构图方式上,自然式和规则式进一步融合,比较典型的例子是印度新德里莫卧儿花园(总督花园)。新艺术运动时期的园林,产生了一些新的艺术流派,如德国的"青年风格派",奥地利的"维也纳分离派"。这时期,没有一个统一的艺术风格,都是在探索与摸索中,主要表现在追求曲线形和追求直线形两种形式上。

追求曲线是从自然界归纳出基本的线条来构图和装饰,最能表现这一风格的是西班牙天才建筑师安东尼奥·高迪(Antonio Gaudi)。高迪的作品利用自然线条的流动表达对自然自由的向往,装饰是它常用的手段。他的作品具有梦幻般的色彩。

另外,还出现了摆脱曲线向功能主义发展的潮流。以及用建筑的语言来作园林的例子。如彼得·贝伦斯(Peter Behrens)在满海姆园艺会上的作品,用花架和修剪植物来限定空间的做法。

所有这些,虽然没有形成一定的风格派系,但却为以后现代园林的产生奠定了基础,摆脱了装饰性向着功能性发展,是一个承上启下的时期。

2.2.1 西方现代景观设计的产生

首先是现代艺术流派的产生对园林的影响。主要的艺术流派有——印象派、野兽派、立体派、风格派、抽象艺术、至上主义、构成主义、超现实主义等。

印象派的特点是用鲜明、强烈的色彩去记录光和大气,摆脱了学院派灰暗、沉闷的色调。

而真正引起了现代艺术的开端,使艺术由具象向抽象过渡的是野兽派。

野兽派以亨利·马蒂斯(Henri Matisse)为代表,追求令人惊愕的颜色和扭曲的形态。与自然界截然不同,他追求主观强烈的艺术表现。从中可以找到与现实不同的形态与色彩,强调艺术更加主观的反映人的内心。

立体画派的功绩主要是解决了绘画艺术的形式问题——用对比法来表现空间。而之前是由文艺复兴时期的透视法来解决这个问题的。立体派利用多变的几何形,并使多个视点叠加,从而在二维上产生了三维甚至四维的效果。这就给了现代设计以新的视觉语言,在各个设计上得到广泛应用。代表人物是:毕加索、布拉克。

抽象艺术是康定斯基（Wassily Kandinslxy）创立的。他不表示人们可以辨识到的客观事物，而是在一定的理念下的抽象选择。并且分为自然抽象与几何抽象两方面。这为后世的设计师提供了很多形式语言。

风格派是1917年荷兰的一些年轻艺术家和建筑师成立的一个艺术团体，成员有蒙德里安（Mondrian），杜斯保（Theo van Daesberg）等，他们认为艺术应该是基于几何形体的组合与构图，要在纯粹抽象的前提下，建立理性的、富有秩序的、非个人的绘画和设计风格。

至上主义是马列维奇（Kasimir Malevich）创立的，他否定了绘画的主题、题材、物像、思想、内容、空间、氛围、立体、透明、色彩、明暗等之后主张"在绘画的白色沉默中表现内容"。这为后世的极简主义影响很大。

构成主义主要运用先进的科技工艺对木材、金属、玻璃、塑胶等材料进行粘合与组合从而创立出立体构成作品。

超现实主义是以表现梦境和潜意识为内容的流派。而其中又分两支：以米罗（J.Miro）为代表的有机超现实主义和以达利为代表的自然超现实主义。他们创造了很多有机形体，如：卵形，肾形，飞镖形，阿米巴曲线形。为后世的设计提供了新的语言。

2.2.2 现代建筑运动的先驱与景观设计

第一次世界大战以后，欧洲经济政治都处于变革时期，社会意识中出现了大量新观点，不同的设想、观点、方案如雨后春笋般涌现出来。建筑行业的气氛高涨，但这时的景观设计并没有引起社会的广泛关注，花园设计作品也是凤毛麟角，但在这些设计中却体现了一种新思想。

下面对这时期比较有影响的一些流派和设计师作一个简单介绍。

1. 门德尔松

谈到门德尔松（Erich Mendelson）不能不谈表现主义。表现主义是以表现个人的主观感受为目的，创作手法也取决于艺术家的主观需要，程度不同地歪曲以自然为基础的形态，以此来产生对观赏者的视觉冲击。门德尔松就是表现主义的代表人物。他与抽象画的康定斯基、克利有很深的交往。他的作品很多是用流畅的线条来表现动感。最大的花园设计是魏滋曼别墅花园设计。小路绿篱台地都由流线构成。

另外，他曾经居住在荷兰、英国、美国。对这些国家的设计也产生了一定影响。

2. 荷兰风格派

上面已经讲了这个风格派的成员和特点。他们在建筑和园林上也是同样的风格。建筑用简单的立方体，光洁的白、灰混凝土板，配以白、黑、红色的横竖线条和大片玻璃的穿插错落。花园面积虽然小，但与建筑呼应也是方形组合，甚至雕塑也是立方体的组合。这种作品反映了一种洁净、对比和韵律。

3. 包豪斯

包豪斯是一所学校的名字。它发扬"德意志制造联盟"的美术结合工业的理念，来探索新的建筑精神。

包豪斯在教学中强调自由创作，反对墨守成规，将工艺同机器生产结合，强调各个艺术门类的交流，特别是要向当时新兴的立体主义、表现主义和超现实主义学习。这就吸引了一大批激进的艺术人才来到包豪斯。包括布劳耶（Marcel Breuer）、康定斯基、克利（Klee）、密斯·凡·德·罗、迈耶等。使得包豪斯成为 20 世纪 20 年代最激进的艺术汇集地。

包豪斯的几任校长：

（1）格罗皮乌斯（Walter Gropius）

格罗皮乌斯是第一任校长，这个时期包豪斯的教学涉及领域十分广泛，包括建筑、雕塑、绘画、工艺、舞蹈、音乐等。他还曾要求在学校设立景观专业。提出在建造房屋之前就应对场地进行设计，提前进行花园、墙、栏杆的设计，使建筑与环境融为一体。他的花园作品充分考虑了使用的功能和经济的要求，有平台、果园、草地、菜园、游戏区等。没有轴线，也不讲求对称，与建筑浑然一体。另外，他还仿效自然，设计成自然的草地、花园、树丛，与建筑的立方体形成鲜明的对比。

（2）迈耶（Hanns Meyer）和密斯（Mies Van der Rohe）

他们是包豪斯的后两任校长。他们更注重建筑设计的领域，而对其他方面涉及较少。最有代表性的就是 1929 年密斯为巴塞罗那博览会设计的德国馆（图 2-38）。

图 2-38　巴塞罗那博览会的德国馆

这个由几片大理石和玻璃组成的建筑,体现了空间的流动性。庭院以水池为中心,室内、室外各个部分之间相互穿插、融合,没有明显的分界,简单纯洁、高贵雅致。对后世的景观设计产生巨大的影响。

4. 勒·柯布西耶(Le Corbusier)　这是个大家都十分熟悉的名字,他是现代运动的主将。也是20世纪最重要的建筑师之一。

他在1923年出版了《走向新建筑》一书,反对因循守旧,极力主张新建筑。1926年他又提出了新建筑的五个特点——底层架空、屋顶花园、自由平面、自由立面、水平长窗(图2-39)。

5. 赖特(Frank Lloyd Wright)　他也是我们十分熟悉的建筑师。赖特称自己的建筑为"有机建筑"。即一幢建筑除了他本身的建造地点以外,放在其他地方都是不合适的。他把建筑视为环境的一个部分,认为建筑应该给环境添彩而不是破坏环境。这就是他著名的论断——"建筑应该从地里长出来"图2-40)。

6. 理查德·约瑟夫·纽特拉(Gnutella)　纽特拉是维也纳人,1923年移居美国,把现代主义的思想带到了美国,现代主义建筑对美国的发展有举足轻重的作用。

图2-39　萨伏伊别墅　　　　图2-40　流水别墅

图2-41 考夫曼住宅

他到美国后在赖特的工作室里工作过,他认为设计的核心是体现生活的本质。现代建筑应该与自然相融合,把风景、气候等宜人的自然要素引入建筑,而创造了加州建筑和园林的独特风格。他最有代表性的建筑作品是考夫曼住宅(图2—41)。

7. 阿尔瓦·阿尔托(Alvar Aalto) 阿尔托也是现代建筑的重要奠基人之一。他强调有机形态和功能主义,设计语言受超现实主义影响,作品轻松流畅。

他比较喜欢日本建筑,特别喜欢木材、砖石等自然材料的运用,利用自然的地形与植物使建筑与环境相得益彰,建筑室外常被设计成波形,从而体现了建筑的人情味。他主要的花园设计是玛利亚别墅花园。

8. 1925年巴黎国际现代工艺美术展

19世纪下半叶一直到第二次世界大战巴黎是世界视觉艺术的中心,众多画派和代表人物都曾在这片土地上生活过。她的艺术氛围促成了这场有划时代意义的盛会。

这次博览会上主要有两个园林作品引起了人们的普遍注意。

一个是建筑师斯蒂文斯(Steuens)设计的一个园林。在两块对称的稍微倾斜的矩形草地上种植四棵形状大小完全一样的树。树没有直接照搬自然,而是用十字矩形支柱和巨大抽象的混凝土浇筑组合代替树的形状,给当时的人们既新鲜又有趣的感受。

另外一个是"光与水的花园"由古埃瑞克安(GaPoriel Guevrekan)设计。这是一个几何规则式园林,但是打破了以往的规则式传统,而是用一种现代手法构图完成。基地是一块三角形的母题，然后再分成了更小的三角形状，由草地、花卉、水池、围篱等要素构成。其中以水池为中心，有一个多面体的玻璃球，随时间的变化而旋转，吸收和反射光线。并用一个小喷头增强活性。水池边上的草地和花卉的色块不在一个平面上，以不同的方向的斜坡形成立体图案。色彩搭配按照补色相间的原则。如：绿配红，黄配蓝（图2-42）。

这两个展品在对新事物、新技术的使用上，如混凝土、玻璃、光电技术等方面显示了大胆的想象。

这次博览会揭开了法国现代景观设计的新的一页。

9. Noailles别墅花园设计

Noailles别墅花园是古埃瑞克安的又一个著名设计。这块花园的基地是一块狭长的三角形坡地。他以铺地形式的郁金香花坛的方块设计打破和划分了三角形基地。沿浅浅的台阶逐渐上升，至三角形的顶点，以著名的雕塑家的立体雕塑结束。这个设计强调了对无生命物（墙、铺地）的表达，与植物占主导的传统有很大不同。在设计中他吸收了风格派特别是蒙特里安的绘画精神。充分利用了面进行三维的构图设计。

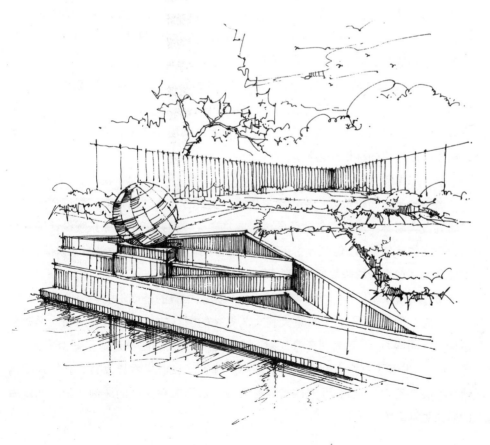

图2-42 光与水的花园

2.2.3 现代景观流派的形成

1. 英国景观设计

(1) 唐纳德 (Donald)

唐纳德在1938年发表的《现代景观中的园林》一书提出现代景观设计的三个方面，即功能的、移情的、艺术的。唐认为功能是现代景观设计最基本的要素，是三个方面的首要。功能使人从情感主义和浪漫主义中解脱出来，去满足人的理性需要。实际上这些是他在建筑师如卢斯 (loos)，柯布西耶那里吸收的精髓。

移情方面主要来源于日本园林。他提出要从对称的形式中解脱出来。提倡日本园林中石组布置的均衡构图。以及在没有感情的事物中感受园林精神的设计手法。

艺术方面主要是从现代艺术家那里借鉴形态处理，平面色彩的运用，以及对材料质感的理解。

在唐的一个设计——"本特利树林"的住宅花园里，体现了他的这三个设计理念。住宅餐厅透过玻璃拉门向外延伸，直到矩形的铺装露台。露台的一个侧面被围墙围起来，尽端用一个木框限定，框住了远处的风景。在木架一侧的基座上躺着亨利·莫尔 (Henry Moore) 的抽象雕塑，面向无限的远方。这就是功能、移情和艺术的结合。

1942年唐又发表了一篇"现代住宅的现代园林"的文章，他提出，景观设计师必须理解现代生活和现代建筑，抛弃所有的陈规老套，20世纪的设计就是没有风格的。在园林中创造三维流动空间就要打破场地之间的严格划分，运用隔断和能透过视线的种植来达到。

(2) 杰里科 (G.Jellicoe)

杰里科是英国伦敦人，早年学习建筑，受到古典设计的熏陶。到过意大利专门研究古典园林。后来又创建英国风景园林学会，并担任了国际景观设计师联合会(IFLA)的首任主席。他的一生还有很多值得我们现在的园林设计者了解的东西。下面主要从三个阶段来简要介绍一下。

第一阶段从1927~1960年，这个阶段是杰里科的基础阶段。

首先，他1924年为了写意大利文艺复兴的园林的毕业论文专门和同学谢菲尔德 (Sheffield) 到意大利考察。对一些著名的意大利园林进行了研究和测绘。于1925年发表了《意大利文艺复兴园林》弥补了当时学术界没有文艺复兴花园研究论著的空白，使得25岁的他声名大振。对于古典园林的深刻认识对他以后的职业生涯影响深远。

20 世纪 30 年代他已经有了一定的声誉，并担任了 IFLA 的首任主席。这时期的主要设计是彻德峡谷和迪去雷庄园。后者奠定了他的学术地位和声誉。主要是设计了一个有喷泉的下沉式半圆形水池，水池被紫杉高篱围着，人们可以入水嬉戏。还有一个长平台在水面上掠过。这个平台成为了他以后经常运用的要素。

第二阶段从 1960~1980 年。这时期，他的作品有所改变。改变了以往多种手法并用的方法。改用单一地运用他所积累的手法技巧的方式。

主要体现：他把古典主义和现代主义并行运用，综合运用他们的设计要素。在平台的运用上又加上了水的运用。

这时期，他的主要作品是：肯尼迪总统纪念碑和舒特住宅花园。

肯尼迪总统纪念碑是为了纪念美国总统肯尼迪而建造的。基地在泰姆士河畔的一块坡地上，杰里科设计了一条石块小路蜿蜒穿过一片自然的树林，引导游人到达山腰的纪念碑。纪念碑的后面是美国的橡树，正好利用橡树 11 月份的红叶季节切合总统遇刺的纪念日。周围环境都是英国乡村风景。作者希望人们在穿越了这一片自然树林之后来到这位伟人面前感受那种生与死的对话。是对人的潜意识感觉的一次引发和精神洗礼。

（3）舒特住宅花园

舒特住宅花园位于一块倾斜的场地上。坡地的顶部有一支古老的泉水，杰里科把这条水渠改造成一条空间多变的水系。在远处布置了三位罗马诗人的半身像，在小树林中布置了水池，杜鹃和古典雕塑，还有链式喷泉，从高到低，一级级跌落，先是小瀑布，后是喷泉，再到后来是平静的水面，最后用一个古典雕塑结束。

第三阶段是从 1980 年直到他去世。这时的杰里科已经是广为人知了。他的作品也更加丰富，成熟，设计更加炉火纯青。他发展了一套图纸的表现技法，用细密的、随意的徒手钢笔线条结合彩铅来表达设计思想。

这个时期的作品主要有莎顿庄园和加尔维斯顿两个设计。

这些项目突出体现了由溪流、瀑布、洞穴、丛林沉思的空间所形成的。

场地精神是他的作品的核心，建筑融合于环境而不是以场地为中心。认为环境设计高于建筑设计，应该是艺术之母。

他的作品特别多地运用了古典园林的要素。如绿篱、雕塑、链式瀑布、远景等。使得他的作品有浓郁的古典色彩。

长平台是他常用的要素，他运用平台把各个园林空间联系起来，使之具有更好的整体性。水是他作品的精华，他善于利用基地自然条件，创造出丰富的水景，如池塘、瀑布、跌水、喷泉等。水往往是视觉中心和引导路线。

视景线是他从古典园林借来的又一个重要要素。他利用平台，修剪低矮的植物来引导人们的视线。

2．美国的景观设计

众所周知,美国的景观规划设计是由奥姆斯特德(Olmsted)创立的。1899年,美国景观设计师联合会成立。并且,哈佛大学有了美国第一个景观规划设计专业。这时期是景观业的新兴时期,有建树的人物和作品不多。

到了20世纪,就迎来了景观设计的新历程。其中对美国景观现代化起重要作用的有一位叫斯蒂里(CF.Steele)的设计师。

斯蒂里出生在美国,1907年进入哈佛大学景观规划专业学习,1909年,到欧洲旅行,受到那里的现代主义运动的影响,对当时的法国现代花园进行了深入的分析,并运用于自己的设计实践中。

他的主要作品是瑙姆科吉庄园。庄园位于陡峭的伯克舍山中部,建筑由年轻的设计师怀特设计。花园后来经过了斯蒂里的改造,主要是建立了一系列的小花园,如"午后花园""平台花园"等。1938年,他又在这里建造了他的代表作——"蓝色的阶梯"。这里他运用了透视法,对地段进行了处理。并强调装饰效果。

(1) 哈佛革命

前面已经讲到哈佛在1899年就设立了景观规划设计专业。但教学还是以"巴黎美术学院派"和奥姆斯特的自然主义理想为主流。

直到20世纪30年代到40年代。由于第二次世界大战,许多优秀的欧洲艺术家建筑教育家来到了美国。包括:密斯·凡·德·罗,布劳耶,纽特拉,门德尔松等,加上美国本土的建筑师赖特,美国取代欧洲成为世界建筑活动中心。

而最有影响力的还是格罗批乌斯的到来。他将包豪斯的办学精神引入到哈佛,彻底改变了"学院派"传统,使这里很快成为艺术、社会、技术的交流中心,充满了探索的精神和气氛。

(2) 美国景观设计师

1) 美国第一代景观设计师。美国的景观师目前分两代。我们先说说第一代。

A. 托马斯·丘奇(Thomas Church) 丘奇是"加州花园"的创造者。加州花园就是带有露天木质平台、游泳池、不规则种植区和动态平面的小花园的户外生活新方式的代称。

丘奇最著名的设计是唐纳花园的设计。这个花园由入口院子、游泳池、餐饮处和大面积平台所组成。平台一部分是美国衫木铺装,一部分是混凝土地面。庭院轮廓由锯齿线和曲线相连。肾形水池的流畅线条和其中雕塑的曲线与远处海湾的s形线条相呼应。

丘奇的另外一种手法是利用锯齿线和钢琴线母题。表现在1948年设计的阿普托斯花园和一些小尺度的庭院里。

他的设计反对形式主义，认为设计方案的确要根据建筑的特性，基地的情况以及客户希望的生活方式，"规则或不规则，曲线或直线，对称或自由，重要的是你以一个功能的方案和一个美学的构图完成。"

B. 盖瑞特·埃克博（Garrett Eckbo） 他也是"加利福尼亚学派"的代表人物。

1938年，埃克博发表了一篇文章《城市中的小花园》。研究了一个斜坡上的街区中十八个小花园的设计。每个小花园中的铺装、台阶、坡道、水面、树木、灌丛以及围墙，甚至凉亭、花架都被细致地表达。以矩形、斜线、尖角、曲线、方格等形式组合，经过协调在每个设计中产生统一的空间体验。

他认为不管是规则的还是不规则的都应该是为塑造空间而服务，而材料只是塑造空间的物质。景观的特定性是由气候、土壤、水、植物、地区性等综合而形成的。

他的著名作品有：Alcoa花园，"联合银行广场"等。

C. 丹·克雷（Dan Kiley） 丹·克雷也是"哈佛革命"的发起者之一。他在前期时声誉不是很高，在20世纪80年代以后，才逐渐被大多数人们所认识。他的作品通常使用古典的要素，如规则的水池、草地、平台、林荫道、绿篱等。但他的空间却是现代的，是流动的。他从基地出发，用最恰当的图解将其转化为一个个功能空间，然后用几何的方式将它们联系起来，着重处理空间的尺度、区别与联系。

克雷的设计常常从基地功能出发，明确空间类型，然后用绿篱、整齐的树列、树阵，方形的水池、树池和平台等语言来塑造空间。注重结构的清晰性和连续性。材料简洁，没有装饰细节。

米勒花园是克雷转折时期的作品，其他的作品还有：达利中心、达拉斯联合银行大厦、喷泉广场等。

2) 美国的第二代景观设计师。

这个时期二次大战结束，美国社会处在一个巨大变化之中。城市人口的增加，开放空间的匮乏，极大地刺激了景观设计的发展，各种广场和市政公共设施大量兴建。20世纪60年代的环境运动加强了人们的自然意识。从1950年开始，设计的机会就迅速增加，景观设计的领域已经变化，小尺度的私家园林，已经不是主要的设计方面。更多的是公园、植物园、居住区、城市开放空间、公司和大学园区、自然保护工程等设计。学习景观的人数暴涨。

A. 劳伦斯·哈普林（Lawrence Halprin） 早期的哈普林设计了一些典型的"加州花园"，采用了超现实主义，立体主义，结构主义的形式手段，大面积的铺装，明确的功能分区，简单而精心的栽植。早期他主要用曲线，但很快转成了直线、折线、矩形等形式语言。在麦克英特花园里，他又运用了直线，并用水和混凝土这两个元素，这也成为他许多作品的特征。

哈普林最重要的设计是1960年为波特兰市设计的一组广场和绿地。这个设计由三个节点组成。起始点是"爱悦广场",模仿自然的水系跌落,人们在其中会被弄湿。其中不规则的台地是自然等高线的简化,广场上的,休息廊的不规则屋顶,来自洛基山的山脊,喷泉的水迹也是他反复研究自然山涧的结果;第二节点是柏蒂格罗夫公园,是一个有安静树荫的曲线隆起的小山丘;第三个节点是"演讲堂前广场",在混凝土块组成的方形广场上方是一连串清澈的水流,从上而下层层落下,气势雄伟。而这个大瀑布也是对自然的悬崖和台地的大胆想像。

哈普林认为,如果将自然界的岩石放在城市中,可能会不自然,在都市环境中应该有都市本身的造型形式。

B. 佐佐木英夫　佐佐木英夫认为设计要遵循三种方法:研究、分析和综合。研究和分析的能力是通过教学获得的,而综合的能力则要靠设计者自己的天分,但是可以培养和引导的。

佐佐木对景观的贡献主要是协调了景观师、建筑师、规划师等各个行业的合作。1958～1968年佐佐木担任哈佛大学设计研究生院主任。1954～1957年他和彼得沃克一起创立了SWA在战后美国景观行业中担任重要角色。

C. 泽恩　泽恩事务所主要擅长处理城市的小空间,如:一些庭院与小花园等。

他们较多地利用了乔木树冠的绿荫,用攀援植物装饰墙面,以及富有质感的铺装与水景。

这些小空间多体现出宁静和谐的氛围,有的还有东方情调,很像世外桃源。

3. 德国的景观设计

德国在近现代以前并没有自己的园林设计。大多受到法国、意大利、荷兰等国家的影响。直到现代主义运动时期,德国扮演了运动中的重要角色。成为现代西方设计理论的中心之一。但第二次世界大战期间,许多精英人才流亡国外,使得景观设计也一度中断,战后德国重新建设自己的园林,通过举办联邦园林展的形式,建造了大量城市公园。

18～19世纪的园林基本属于艺术的范畴,只有少数的王公贵族才能享有。欣赏风景是他们的主要要求,人与园林就像是美术馆的游人与画一样。

而现代园林是为市民服务的,是市民的必需品,园林更多地融入人们的参与。展品与观众之间没有了距离。人加入其中就像动物给自然添了灵气,人成为了风景的一部分。

20世纪50年代～60年代的园林设计还只是着眼于景观的质量,游人与景观还是观赏与被观赏的关系,人们只能在道路上被动地观景,活动空间很少。

到了 20 世纪 60 年代末 70 年代初人们开始注重休息娱乐为主的活动。1973 年的汉堡园博会主题就是"在绿地中度过假日"。可见休闲娱乐成为了公园的主题。

20 世纪 70 年代以后，生态环境保护的思想开始引入了景观设计，自然野生原野的保留，噪声的防治，以及 90 年代废弃工厂的改造都是从生态环境的保护角度出发来完成的。这时期的园林建设为城市绿地系统的完善起到重要作用。

德国主要景观设计师与其作品。

格来梅克与慕尼黑奥林匹克公园（图 2-43～图 2-45）。这个公园是他的主要作品，位于慕尼黑北部，距市中心 4km。基地是一块荒凉的空地，周围是废弃工厂和军营。南部是废墟堆成的 60m 高的小山。

这次奥运会的目标是"绿色奥运"在规划之初就考虑到设施的日常使用，和市民的休闲活动等。

奥运公园由一片水面串连。水体北面是运动场馆，南面是绿地山体。建筑多采用悬索结构，墙体和屋顶用大面积玻璃，从而加强了内外的渗透。总体上采用了流线型布局，有很好的整体感。公园为市民创造了许多活动场所，使之成为市民喜爱的一处休闲公园。

图2-43　奥林匹克公园（1）

图2-44 奥林匹克公园（Ⅱ）

图2-45 奥林匹克公园（Ⅲ）

拉茨（Peter Latz）1939年出生于德国达姆斯塔特，受父亲的影响学习建筑，1964年毕业于慕尼黑工大景观设计专业，1968年建立了自己的景观设计事务所，并在卡塞尔大学任教。他探讨的问题主要包括屋顶花园，水处理，太阳能利用，并且积极地把研究的理论付诸实践，这些都影响着他后来设计的技术从生态的方向发展。

拉茨的设计很难用传统的园林概念来评价，他的设计是生态与艺术的完美结合。他在空间营造中运用了大量的艺术语言，并且建筑在他的设计中有很大的痕迹。

2.3 可持续发展导向的生态景观环境设计

任何与生态过程相协调，尽量使其对环境的破坏影响达到最小的设计形式都称为生态设计。现代景观的生态设计反映了人类的一个新的梦想，一种新的美学观和价值观：人与自然的真正的合作与友爱的关系。景观是人类的世界观、价值观、伦理道德的反映，是人类的爱和恨，欲望与梦想在大地上的投影。而景观设计是人们实现梦想的途径。也是人类保证自身在地球上长期生存的所必须关注和研究的，即如何保证可持续发展的问题。

现代系统观认为，事物的普遍联系和永恒运动是一个总体过程，要全面地把握和控制对象，综合地探索系统中要素与要素、要素与系统、系统与环境、系统与系统的相互作用和变化规律，把握住对象的内、外环境的关系，以便有效地认识和改造对象。这一观点着重体现在以下几个方面：

第一，自然界没有废物，每一个健康生态系统，都有一个完善的食物链和营养级，秋天的枯枝落叶是春天新生命生长的营养。公园中清除枯枝落叶实际上是切断了自然界的一个闭合循环系统。在城市绿地的维护管理中，应变废物为营养，如返还枝叶、返还地表水补充地下水等就是最直接的生态设计应用。

第二，自然的自组织和能动性自然是具有自组织或自我设计能力的，热力学第二定律告诉我们，一个系统当向外界开放，吸收能量、物质和信息时，就会不断进化，从低级走向高级。进化论倡导者赫胥黎（Thomas Henry Huxley）就曾描述过，一个花园当无人照料时，便会有当地的杂草侵入，最终将人工栽培的园艺花卉淘汰。Gaia 理论告诉我们，整个地球都是在一种自然的、自我的调节中生存和延续的。一池水塘，如果不是人工将其用水泥护衬或以化学物质维护，便会在其水中或水边生长出各种水藻、杂草和昆虫，并最终演化为一个物种丰富的水生生物群落。自然系统的丰富性和复杂性远远超出人为的设计能力。与其如此，我们不如开启自然的自组织或自我设计过程。如景观设计师迈克尔·凡·瓦肯伯格 Michael van Valkenburgh 设计的 General Mills 公司总部（位于明尼阿波利斯，明尼苏达州 Minneapolis, Minnesota）的项目，设计师拟自然播撒草原种子，创造了适宜于当地景观基质和气候条件的人工地被群落。每年草枯叶黄之际，引火燃烧，次年再萌新绿，整个过程，包括火的运用，都借助了自然的生态过程和自然系统的自组织能力。

自然是具有能动性的，几千年的治水经验和教训告诉我们对待洪水这样的自然力，应因势利导而不是绝对的控制。古人李冰父子的都江堰水利工程设计的成功之处，也在于充分认识自然的能动性，用竹笼、马槎、卵石与神为约，造就了川西平原的丰饶。大自然的自我愈合能力和自净能力，维持了大地上的山清水秀。生态设计意味着充分利用自然系统的能动作用。

第三，边缘效应多指在两个或多个不同的生态系统或景观元素的边缘带，有更活跃的能流和物流，具有丰富的物种和更高的生产力。如海陆之交的盐沼是地球上产量最高的植物群落之一。其他还有森林边缘、农田边缘、水体边缘以及村庄、建筑之中的边缘。在城市或绿地筑物的边缘，在自然状态下往往是生物群落最丰富、生态效益最高的地段。然而，在常规的设计中，我们往往会忽视生态边缘效应的存在，很少把这种边缘效应结合在设水系的设计中，我们常常看到的是水陆过渡带上生硬的水泥护衬，本来应该是多种植物和生物栖息的边缘带，却只有曝晒的水泥或石块铺装；又如在公园里丛林的边缘，自然的生态效应会产生一个丰富多样的林缘带，而人们通常看到的是修剪整齐的草坪；又如，建筑物的基础四周，是一个非常好的潜在生态边缘带，而通常我们所看到的则是硬质铺装和单一的人工地被。除此之外，人类的建设活动往往不珍惜边缘带的存在，生硬的红线把本来地块之间柔和的边缘带无情地毁坏。所以与自然合作的生态设计就需充分利用生态系统之间的边缘效应，来创造丰富的景观。

第四、生物多样性自然系统是宽宏大量的，它包容了丰富多样的生物。生物多样性至少包括三个层次的含意，即：生物遗传基因的多样性；生物物种的多样性和生态系统的多样性。多样性维持了生态系统的健康和高效，因此是生态系统服务功能的基础。与自然相合作的设计就应尊重和维护其多样性，"生态设计的最深层的含意就是为生物多样性而设计"。为生物多样性而设计，不但是人类自我生存所必须的，也是现代设计者应具备的职业道德和伦理规范。而保护生物多样性的根本是保持和维护乡土生物与生境的多样性。自然保护区、风景区、城市绿地是世界上生物多样性保护的最后堡垒。曾一度被观赏花木和栽培园艺品种的唯美价值标准主导的城市园林绿地，应将生物多样性保护作为最重要的设计指标。在每天都有物种从地球上消失的今天，乡土杂草比异国奇卉具有更为重要的生态价值；五星瓢虫和七星瓢虫是同样值得人们珍爱的，勤于除草施肥、城市绿地管理者的形象不应是打药杀虫的小农。通过生态设计，一个可持续的、具有丰富物种和生境的园林绿地系统，才是未来城市设计者所要追求的。

生态设计不是某个职业或学科所特有的，它是一种与自然相作用和相协调的方式，其范围非常广泛，包括建筑师对其设计及材料选择的考虑；水利工程师对洪水控制途径的重新认识；工业产品设计者对有害物的节制使用；工业流程设计者对节能和减少废弃物的考虑。生态设计为我们提供一个统一的框架，帮助我们重新审视对景观、城市、建筑的设计以及人们的日常生活方式和行为。简单地说，生态设计是对自然过程的有效适应及结合，它需要对设计途径给环境带来的冲击进行全面的衡量。对于每一个设计，我们需要问：它是有利于改善或恢复生命世界还是破坏生命世界；它是保护相关的生态结构和过程呢，还是有害于它们。与传统设计相比，景观生态设计在对待许多设计问题上有其自身的特点。但是，景观生态设计应该作为传统设计途径的进化和延续，而非突变和割裂。缺乏文化含义和美感的唯景观生态设计是不能被社会所接受的，因而最终会被遗忘和被淹没，设计的价值也就无从体现。景观生态的设计应该、也必须是美的。景观设计学以生态思维为其核心，但也正是设计中的生态意义使景观设计这一职业出现分异，其一强调对生态过程的组织和条理；其二则强调艺术和美的表达和再现。这种由来已久的分异到生态设计中应得到融合。

第3章
城市景观设计

第3章 城市景观设计

3.1 城市景观环境与艺术

作为优化现代人类社会群体、人们生活方式的理想环境的现代城市，负载着人们社会的、文化的、生产生活的重要职能。作为工具，它为人们的各种社会活动提供了所需要的场所、空间设施、资源、信息传载、物资流通等物质条件与生活便利。它不仅驱动其自身及周边地区的发展进步，而且作为环境，城市以其特有的文化、社会和经济背景，还满足了人们多样化的生活需求和多元化发展的需要。所以城市的发展、完善在社会机体的运作中起到举足轻重的作用，城市环境的建设必须与人类生活工作的需要、与时代的发展同步进行，只有这样才能使当代生活体现时代精神，使时代精神贯穿于现代生活。

城市环境的建设不但要保证人类生存发展的物质条件，还要使人们在心理上和精神上达到平衡与满足，这两者是相辅相成、互为作用、缺一不可的。城市景观应是人类精神和理想在物质环境与自然环境中的具体体现，是精神的物质化。我们探究城市景观的创造，除了相关的社会经济因素，还应侧重于生态平衡与可持续发展，侧重于功能、实效和美学，这其中含有时间与空间、文化与物质等多重层面的内容。

在城市景观的设计中，无论是区域景观、广场改造、街区拓建、居住区建设、商业街区、还是园林建设、开放空间建设、街头绿地建设、生态环境治理等都要首先考虑城市整体环境构架，研究他们的现在与过去、当今与未来、地方与比邻的差异与相同、变化和衔接。立足科学，最大限度、最为合理地利用土地、人文和自然资源，并尊重自然、生态、文化、历史等科学的原则，使人与环境彼此建立一种和谐均衡的整体关系。

随着时代的发展，城市人口也在空前增长和集中，土地需求的白热化状态，城市机能的高度集约化和现代化，使许多新的课题应运而生。城市人口的高速增长带来的一系列社会问题，城市组团密集导致的城市结构系统扩张，城市为向三度空间发展所期待的新环境研究，城市住宅的高密度和多样化要求提出的新内容、新形式等课题，大量人口希求户外娱乐休闲对社会和生态的影响，以及人们对环境质量的新要求，能源匮乏和生态环境面临的危机等将直接影响到我们未来的生存空间和生活方式,也给城市环境、城市景观的设计带来更多新课题,提出更高的期待和要求。

3.2 城市景观设计要素

3.2.1 景观设计基础

1. 景观生态学

(1) 景观生态学主要内容

生态学(Ecology)一词源于希腊文"Oikos",原意为房子、住所、家务或生活所在地,"Ecology"原意为生物生存环境科学。生态学就是研究生物和人及自然环境的相互关系,研究自然与人工生态结构和功能的科学。

1939年,德国生物地理学家C·特罗尔(Carl Troll)提出了"景观生态学"(Landscape Ecology)的概念,他在《景观生态学》一文中指出:景观生态学由地理学的景观和生物学的生态学两者组合而成,是表示支配一个区域不同单元的自然生物综合体的相互关系分析。另一位德国学者布克威德(Buchwaid)认为:景观是个多层次的生活空间,是由陆圈、生物圈组成的相互作用的系统。而麦克哈格的《设计结合自然》奠定了景观生态学的基础。

图3-1 自然景观与人工景观的结合

景观生态学主要研究的内容是与人居环境相关的土壤、水文、植被、气候、光照、地形条件等因素所形成的生物生存环境,简称"生境",在不破坏全球生态的前提下,优化和改良我们的聚居环境(图3-1)。

(2) 景观生态要素

在景观设计中所涉及的生态要素大概分为以下三项:

1) 水环境(图3-2) 地球上的生物生存繁衍依附于五大生态圈:大气圈(Atmosphere)、水圈(Hydrosphere)、岩石圈(Lithosphere)、土壤圈(Pedosphere)和生物圈(Biosphere)。

美国景观设计学家约翰·O·西蒙兹(John Ormsbee Simonds)提出了十个水资源管理原则:

A. 保护流域、湿地和所有河流水体的堤岸。

B. 将任何形式的污染减至最小,创建一个净化的计划。

图3-2 建筑与水亲密接触

图3-3 不同层次的植被

C. 土地利用分配和发展容量应与合理的水分供应相适应，而不是反其道行之。

D. 返回地下含水层的水的质和量与水利用保持平衡。

E. 限制用水以保持当地淡水储量。

F. 通过自然排水通道引导表面径流，而不是通过人工修建暴雨排水系统。

G. 利用生态方法设计湿地进行废水处理、消毒和补充地下水。

H. 地下水供应和分配的双重系统，使饮用水和灌溉及工业用水有不同税率。

I. 开拓、恢复和更新被滥用的土地和水域，达到自然、健康状态。

J. 致力于推动水的供给、利用、处理、循环和再补充技术的改进。

2）植被（图3-3） 植被作用可以归纳为以下五点：

A. 改善小气候，过滤尘埃，减低风速，增加湿度。宽10m的乔木可将500m内空气湿度增加8%。

B. 对有害气体有吸收作用。

C. 防治生物污染。

D. 减低噪声，30m长的林带可以降低7分贝，乔灌木结合可以降低8～12分贝。

E. 可以给昆虫和鸟类提供栖息地。

植被是组成城市景观重要的一部分，在一定程度上反映了城市景观的生态状况。因此用绿地指标反映真实情况，有：

A. 城市公共绿地指标：人均绿地面积／公共绿地面积。

B. 全部城市绿地指标：城市绿地面积／城市总面积％。

C. 城市绿化覆盖率：城市植物的垂直投影面积／城市用地总面积

图3-4 春夏秋冬

3）气候（图3-4）　我们的景观设计中怎样运用构筑物、植被、水体来改善局部微气候，使某一地域的气温、湿度、气流让人感到舒适，关于这方面，西蒙兹提出若干条指导原则。

2．环境、行为和心理基本知识

对环境行为心理作了系统性分析的人类学家是爱德华·T·霍尔（Edward. T.Hall），其于1959年所著《沉默的语言》和1966年所著《被隐藏的维度》颇具影响。他认为空间距离和文化有关，它好像一种沉默的语言影响着人的行为，同时他提出"空间关系学"的概念，并在一定程度上将这种空间尺度以美国人为模板加以量化：密切距离（0～0.45 m）、个人距离（0.45～1.2m）、社交距离（1.2～3.6m）、公共距离（7～8m）（图3-5）。

图3-5 人际交往中的各种距离

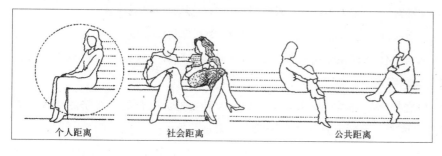

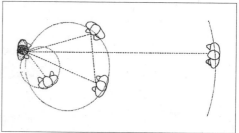

(1) 空间与环境

1) 气泡　气泡的概念是由爱德华·T·霍尔提出的，指的是个人空间。人体上下肢运动所形成的弧线决定了一个球形空间，这就是个人空间尺度——气泡。人是气泡的内容，也是空间度量的单位。

2) 领域　领域一词最早出现在生物学中，指自然界中不同物种占据不同的空间位置，人类的行为也类似。人类的领域行为有四点作用：安全、相互刺激、自我认同和管辖范围。因此分四个层次：公共领域（Public）、家（Home）、交往空间（Interaction）、个人身体（Body）。心理学研究表明，容易为人认知的空间有三类：滞留性、随意消遣性和流通性。人与人之间过度的疏远和靠近都会造成一种心理上的不安定。

3) 场所　诺伯格·舒尔茨（Norberg Schulz）在《场所精神——关于建筑的现象学》中认为"场所是有明显特征的空间"，场所依据中心和包围它的边界两个要素而成立，定位、行为图示、向心性、闭合性等同时作用形成了场所概念。

(2) 人的行为

1) 行为层次　可以分三类：

A. 强目的性行为。也就是设计时常提到的功能性行为。

B. 伴随主目的的行为习性。典型例子是抄近路。

C. 伴随强目的行为的下意识行为。例如人的左转习惯。

2) 行为集合　为达到一个目的而产生的一系列行为称作行为集合。如购物间或休息。

3) 行为控制　应该认识到设计对人的行为的作用。如坐椅没有靠背，不能靠。

(3) 人类对其聚居地的基本需要

希腊学者C.A.杜克西亚迪斯（C.A.Doxiadis）概括如下：

1) 安全：是使人类能生存下去的基本条件。

2) 选择与多样性：满足人们按其意愿选择的可能。

3) 需要满足的因素：

A. 最大限度地接触：与自然、与社会、与人为设施、与信息等。

B. 以最省力、最省时间、最省资金的方式，满足自己的需要。

C. 任何时间，任何地点，都要有一个能受到保护的空间。

D. 人与其生活体系中各种要素之间有最佳的联系，包括大自然与道路，基础设施与通信网络。

E. 根据具体的时间、地点以及物质的、社会的、文化的、经济的、政治的种种条件，取得上述四个方面的最佳综合、最佳平衡。

(4) 格式塔心理学在景观设计中的运用

格式塔心理学的贡献偏重于知觉理论方面，这一规律力求说明建筑中构图规律有生理及心理基础，但有一定片面性。勒温·库尔特（Kurt Lewin）采用拓扑学图形陈述人及其行为，主张"$B=f(P·E)$"（行为等于人和环境的函数）。格式塔心理学又称完形心理学，它认为人会辨认出简单平衡和对称性的结构，并突出周围环境。这种人所具备的能动性的完形特性，可以强化设计者的造型意图。

3. 环境空间设计基础

我们对环境空间的训练过程加以分析，可以简单地分为认知和操作两个环节。形态分为两大类：积极形态和消极形态。形态的表现形式主要有三大类：两维空间（即平面）、三维空间（即立体）、四维空间（即立体加上时间）。

(1) 造型基础

点、线、面、体、空间（图3-6）。

(2) 空间形式认知与分析

1）图与底的关系　丹麦建筑师S·E·拉斯姆森（S.E.Rasmussen）在《建筑体验》一书中，利用了"杯图"来说明实体和空间的关系（图3-7）。

2）空间的抽象　拓扑学即位相几何学，是以研究形态之间关系见长的。它不是研究不变的距离、角度或者面积的问题，而是基于接近、分离、继续、闭合、连续等关系来研究形态之间的关系（图3-8）。

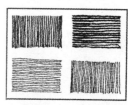
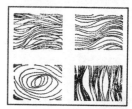

图3-6　各种点与线的表情

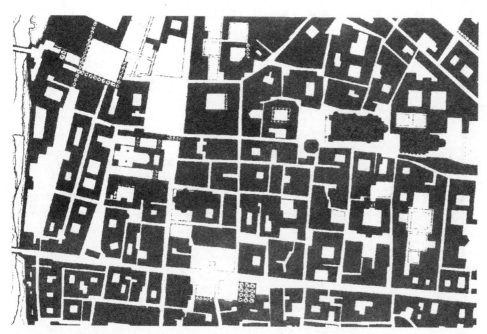

图3-8　意大利古城帕尔马的图底关系

图3-7　杯图

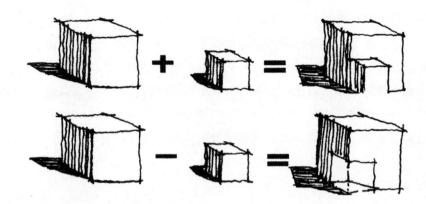

图3-9 空间的加法与减法

(3) 实体、空间的限定和操作

1) 实体、空间的加法和减法（图3-9）。

A. 减法转换　对基本形体进行切割和划分，由减法转换得到的形可以维持原形的特征，也可以转换成其他形。

B. 加法转换　通过增加元素到单个的体积上，从而得到各种规则或不规则的空间形体。

2) 空间的限定　围合、覆盖、设置、隆起和下沉、材质的变化（图3-10）

3) 空间的尺度与界面　一般认为人的眼睛以大约60°顶角的圆锥为视野范围，熟视（最让人关注的视觉范围）时为1°的圆锥，相距不足建筑高度2倍的距离，就不能看到建筑整体。在实体围合的空间中实体高度（H）和间距（D）之间的关系，D/H等于1是一个界限，当D/H不大于1时会有明显的紧迫感，D/H不小于1或者更大时就会形成远离之感。在设计中，D/H等于1、2、3……是较为常用的数值，当D/H不小于4时，实体之间相互影响已经薄弱了，形成了一种空间的离散，当D/H不大于1时其对面界面的材质、肌理、光影关系就成为关心的问题。芦原义信提出"1/10理论"：外部空间可以采用内部空间尺寸8～10倍的尺度。

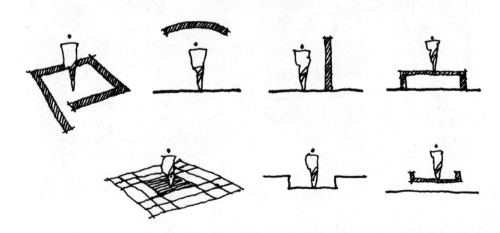

图3-10 空间的限定

景观的三大门槛：

A. 在 20～25m 见方的空间中，人们感觉比较亲切，超出这一范围，人们很难辨认对方的脸部表情和声音。

B. 在距离超出 110m 的空间中，肉眼只能辨别出大致的人形和动作。超过此尺度，就形成广阔的感觉。

C. 390m 的尺度是创造深远宏伟感觉的界限。

20m 内质感、肌理清晰可见，20～25m 时细部逐渐模糊，超过 30m 就完全看不清了，距离 60m 以上只能看体与面的关系。

3.2.2 景观设计的要素

1. 地形地貌

景观设计师应当善于从地块的诸多地形特征中总结出主要特征，即设计项目最大的特征，掌握其相对应的空间特征以便决定将其塑造为怎样的空间和场地。一般情况下，我们将地形按其形态特点分为以下几类。

（1）平坦地貌（图 3-11）

对于较为平坦的地形，设计者往往需要通过颜色鲜艳、体量巨大、造型夸张的构筑物或雕塑来增加空间的趣味，形成空旷地的视觉焦点；或通过构筑物强调地平线和天际线的水平走向，形成大尺度的韵律；或通过竖向垂直的构筑物形成和水平走向的对比，增加视觉冲击力；也可以通过植物或沟壑进一步划分空旷的空间。

（2）凸形地貌（图 3-12）

图 3-11　平坦的地貌

图 3-12　凸形地貌

人的视觉相应的有向上和向下两个方向，在设计时往往会在高起的地方设置构筑物和建筑，以便人能从高处向四周远眺同时被看。

(3) 山脊地貌（图3-13）

山脊地形是连续的线形凸起地形，有明显的方向性和流线，习惯上人们乐于沿着山脊旅行。

(4) 凹形地貌（图3-14）

因为其具有一定的尺度闭合效应，所以人类最早的聚居区和活动空间往往就是在这种地貌中。凹形地貌周围的坡度限定了一个较为封闭的空间，在一定尺度内易于被人类识别，而且给人心理带来稳定和安全的感觉。它具有内向性，往往被用作观演空间。

(5) 谷地（图3-15）

谷地是一系列连续和线形的凹形地貌，其空间特性和山脊地形正好相反。

2. 对地形的改造和利用

一般来说，户外空间有以下几个因素影响了人们的空间感受：

(1) 空间的地面，指可以供人活动的地面；

(2) 水平线和轮廓线，也就是天际线；

(3) 封闭性坡面的坡度（影响空间限定性的强弱）。

图3-13 山脊地貌

图3-15 谷地

图3-14 凹形地貌

当地面、轮廓线和周边坡度三个因素所占的面积在观察者视线的45°圆锥以上，则产生完全封闭的空间；30°时会产生封闭空间；18°时则具有微弱的封闭感；低于18°时则为开敞空间（图3-16）。

3. 植被设计

(1) 植被设计原则（图3-17）

(2) 树木的选用

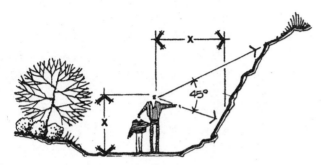

图3-16 视觉的封闭性与视觉圆锥之间的关系

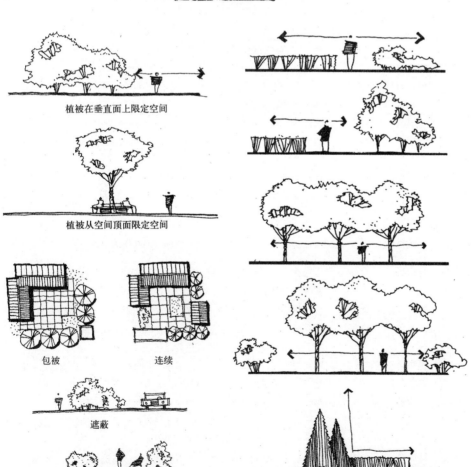

图3-17 植物与空间的关系

1）一般常用行道树木表（表3-1）

一般常用行道树木表　　　　　　　　　　　　　　　表3-1

名称	学名	科别	树形	特征
香樟	Cinnamomun camphora	香樟科	球形	常绿大乔木，叶互生，三出脉，二香气，浆果球形，树冠阔大，生长强健，树姿美观
悬铃木	Platanus acerifolia	悬铃木科	卵形	喜温暖，抗污染，耐修剪。冠大荫浓，适作行道树和庭荫树
枫树	Liquidambar formosana Hance.	金缕梅科	圆锥形	落叶乔木，树皮灰色平滑，叶呈三片裂，生长慢，树姿美观
凤凰木	Delonix regia Raffin	豆科	伞形	落叶乔木，阳性，喜暖热气候，不耐寒，速生，抗污染，抗风；花红色美丽，花期5～8月
合欢	Albizia julibrissin	豆科	伞形	花粉红色，6～7月，适作庭荫观赏树、行道树
金合欢	Acacia farnesiana Willd.	含羞草科	伞形	落叶乔木，速生，枝叶密生，花金黄色，树姿优良
垂柳	Salix babylonica Linn.	杨柳科	倒卵形	落叶乔木，适于低温地，生长繁茂而迅速，树姿美观
榕树	Ficus microcarpa L.F.	桑科	球形	常绿乔木，树冠阔大，速生，郁闭性强，适于各式修剪
蒲葵	Livistona chinensis R.Br.	棕榈科	伞形	树势单干直立，叶面深绿色，生长强健，姿态甚美
龙眼树	Dimocarpus longan Lour.	无患子科	球形	常绿乔木，郁闭性强，生长较慢，姿态甚美
苦楝(楝树)	Melia azedarach L.	楝科	伞形	落叶乔木，生长迅速，树冠畸形，略成伞状，花淡紫
梧桐	Firmiana simplex	梧桐科	卵圆形	落叶大乔木，叶面阔大，生长迅速，幼有直立，老大树冠分散
构树	Broussonetia papyrifera Vent.	桑科	伞形	落叶乔木，叶巨大柔薄，枝条四散，姿态亦美
赤杨	Alnus japonica	桦木科	伞形	落叶乔木，能耐湿和热，干燥地及硬质土不适，树姿高大美观
梣树	Faxinus insularis Hemsl	木犀科	伞形	常绿乔木，树性强健，生长迅速，树姿叶形优美
南洋杉	Araucaria cunninghamii	南洋杉科	圆锥形	常绿针叶乔木，阳性，喜暖热气候，不耐寒，喜肥，生长快，树冠狭圆锥形，姿态优美
青海云杉	Picea carassifolia Kom.	松科	塔形	常绿针叶树，中性，浅根性，适用西北地区
圆柏（桧柏）	Sabina chinensis Ant.	柏科	圆锥形	常绿中乔木，阳性，幼树稍耐阴，耐干旱瘠薄，耐寒，稍耐湿，耐修剪，防尘隔音效果好
广玉兰	Magnolia grandiflora L.	木兰科	圆锥形	常绿乔木，花大白色清香，树形优美
相思树	Acacia confusa Willd	豆科	伞形	常绿乔木，树皮幼时平滑，老大时粗糙，干多弯曲，生长力强
海枣	Phoenix dactylifera L.	棕榈科	伞状	常绿阔叶树，树干分歧性，抗热力强，生长强健，姿态亦美
长叶刺葵(加那利海枣)	Phoenix dactylifera	棕榈科	羽状	常绿阔叶树，树干粗壮，高大雄伟，羽叶密而伸展
王棕(大王椰子)	Roystonea regia (H.B.K.)O.F.Cook	棕榈科	伞形	常绿乔木单干直立，高可达18m，中央部稍肥大，羽状复叶，生活力甚强，观赏价值大
银杏	Ginkgo biloba L.	银杏科	伞形	落叶阔叶树，秋叶黄色，耐寒，根深，不耐积水，抗多种有毒气体
鹅掌楸(马褂木)	Liriodendron chinense	木兰科	伞形	落叶阔叶树，喜温暖湿润气候，抗性较强，肥沃的酸性土，生长迅速，寿命长，叶形似马褂，花黄绿色，大而美丽
毛白杨	Populus tomentosa Carr.	杨柳科	卵圆形	落叶阔叶树，喜温凉气候，抗污染、深根性，速生，寿命较长；树形端正，树干挺直，树皮灰白色
钻天杨	Populus nigra Var. italica koehme	杨柳科	狭圆柱形	落叶阔叶树，耐寒耐干旱，稍耐盐碱、水湿，生长快
榔榆	Ulmus parvifolia Jacq	榆科	扁球形	落叶或半常绿阔叶树，喜温暖湿润气候，耐干旱瘠薄，深根性，速生，寿命长，抗烟尘毒气，滞尘能力强
羽叶槭(复叶槭)	Acer negundo	槭树科	伞形	落叶阔叶树，喜肥沃土壤及凉爽湿润气候，耐烟尘，耐干冷，耐轻盐碱，耐修剪，秋叶黄色

2）常用风景树木性状表（表3-2）

常用风景树木性状表　　　　　　　　　　　　　　　　表3-2

名称	学名	科别	树形	特征
香樟	Cinnamomun camphora	香樟科	球形	常绿大乔木，叶互生，三出脉，二香气，浆果球形，树冠阔大，生长强健，树姿美观
悬铃木	Platanus acerifolia	悬铃木科	卵形	喜温暖，抗污染，耐修剪。冠大荫浓，适作行道树和庭荫树
广玉兰	Magnolia grandiflora L.	木兰科	圆锥形	常绿乔木，花大白色清香，树形优美
白玉兰	Magnolia denudata	木兰科	圆锥形	颇耐寒，怕积水。花大洁白，3~4月开花。适于庭园观赏
鹅掌楸(马褂木)	Liriodendron chinense	木兰科	伞形	落叶阔叶树，喜温暖湿润气候，抗性较强，肥沃的酸性土，生长迅速，寿命长，叶形似马褂，花黄绿色，大而美丽
侧柏	Platycladus orientalis Franco	柏科	圆锥形	常绿乔木，幼时树形整齐，老树多弯曲，生长力强，寿命久，树姿美
梣树	Faxinus insularis Hemsl.	木犀科	圆形	常绿乔木，树性强健，生长迅速，树姿叶形优美
重阳木	Bischoffia trifoliata Hook	大戟科	圆形	常绿乔木，幼叶发芽时，十分美观，生长强健，树姿美
垂柳	Salix babylonica Linn	杨柳科	倒卵形	落叶乔木，适于低温地，生长繁茂而迅速，树姿美观
翠柏	Sabina squamata cv. Meyeri	柏科	卵圆形	常绿灌木，树皮灰褐色，呈不规则纵裂，小枝互生，幼时绿色，扁平
大王椰子	Roystonea regia	棕榈科	伞形	单干直立，高可达18m，中央部稍肥大，羽状复叶，生活力甚强，观赏价值大
大叶黄杨	Euonymus japonicus	卫矛科	卵形	喜温湿气候，抗有毒气体。观叶。适作绿篱和基础种植
枫树	Liquidambar formosana Hance	金缕梅科	圆锥形	落叶乔木，树皮灰色平滑，叶呈三片裂，生长慢，树姿美观
枫杨	Pterocarya stenoptera	胡桃科	广卵形	落叶乔木适应性强，耐水湿，速生。适作庭荫树、行道树、护岸树
匍地柏	Sabina procumbens	柏科		常绿匍匐性矮灌木，枝干横生爬地，叶为刺叶。生长缓慢，树形风格独特，枝叶翠绿流畅。适作地被及庭石、水池、沙坑、斜坡等周边美化
假连翘	Duranta repens	马鞭草科	圆形	常绿灌木。适于大型盆栽、花槽、绿篱。黄叶假连翘以观叶为主，用途广泛，可作地被、修剪造型、构成图案或强调色彩配植，耀眼醒目
枸骨	Ilex cornuta	冬青科	圆形	抗有毒气体，生长慢。绿叶红果，甚美。适于基础种植
构树	Broussonetia papyrifera Vent	桑科	伞形	落叶乔木，叶巨大柔薄，枝条四散，姿态亦美
榔榆	Ulmus parvifolia Jacq.	榆科	扁球形	落叶或半常绿阔叶树，喜温暖湿润气候，耐干旱瘠薄，深根性，速生，寿命长，抗烟尘毒气，滞尘能力强
圆柏(桧柏)	Sabina Chinensis Ant.	柏科	圆锥形	常绿中乔木，树枝密生，深绿色，生长强健，宜于剪定，树姿美丽
海桐	Pittosporum tobira	海桐科	圆形	白花芬芳，5月开花。适于基础种植，作绿篱或盆栽
海枣	Phoenix dactylifera L.	棕榈科	伞形	干分蘖性，高可达20~25m，叶灰白色带弓形弯曲，生长强健，树姿美
旱柳	Salix matsudana	杨柳科	伞形	适作庭荫树、行道树、护岸树
合欢	Albizia julibrissin	豆科	伞形	花粉红色，6~7月开花，适作庭荫观赏树、行道树
黑松	Pinus thunbergii Parl.	松科	圆锥形	常绿乔木，树皮灰褐色，小枝橘黄色，叶硬二枚丛生，寿命长
红叶李	Pruns cersifera	蔷薇科	伞形	落叶小乔木，小枝光滑，红褐色，叶卵形，全紫红色，4月开淡粉红色小花，核果紫色。孤植群植皆宜，衬托背景
华盛顿棕榈	Washingtonia filifera Wend	棕榈科	伞形	单干圆柱状，基部肥大，高达4~8m，叶身扇状圆形，生长健，树姿美
槐树	Sophora japonica	豆科	球形	枝叶茂密，树冠宽广，适作庭荫树、行道树
黄槐	Cassia surattensis	豆科	圆形	半落叶乔木，偶数羽状复叶，花黄色，生长迅速，树姿美丽

续表

名称	学名	科别	树形	特征
羽叶槭(复叶槭)	Acer negundo	槭树科	伞形	落叶阔叶树，喜肥沃土壤及凉爽湿润气候，耐烟尘，耐干冷，耐轻盐碱，耐修剪，秋叶黄色
鸡爪槭	Acer palmatum	槭树科	散形	叶形秀丽，秋红色。适于庭园观赏和盆栽
金钱松	Pseudolarix amabilis Rehd	松科	卵状塔形	常绿乔木，枝叶扶疏，叶条形，长枝上互生，小叶放射状，树姿刚劲挺拔
酒瓶椰子	Hyophorbe lagenicaulis H.E.Moore	棕榈科	伞形	干高3m左右，基部椭圆肥大，形成酒瓶，姿态甚美
桔树	Citrus reticulata	芸香科	圆形	花白色，果黄绿，香。适于丛植
苦楝(楝树)	Melia azedarch L.	楝科	伞形	落叶乔木，树皮灰褐色，二回奇数，羽状复叶，花紫色，生长迅速
六月雪	Serissa japonica	茜草科	圆形	常绿小灌木。叶色深绿，花色雪白，略淡粉红。枝叶纤细，质感佳，适合盆栽、低篱、地被、花坛、修剪造型
龙柏	sabina chinensis cv. Kaizuca	柏科	直立塔形	常绿中乔木，树枝密生，深绿色，生长强健，寿命甚久，树姿甚美
龙爪槐	s.j.cv. Pendula	豆科	伞形	枝下垂，适于庭园观赏，对植或列植
龙爪柳	S. m. cv. Tortuosa	杨柳科	圆形	枝条扭曲如龙游，适作庭荫树、观赏树
罗比亲王椰子	Phehix Roebelenii Brien.	棕榈科	伞形	干直立，高2m，叶柄薄而小，小叶互生，或对生，为美叶之优良品种
罗汉松	Podocarpus macrophyllus D. Don	罗汉松科	广卵形	常绿乔木，风姿朴雅，可修剪为高级盆景素材，或整形为圆形、锥形、层状，以供庭园造景美化用
马尾松	Pinus massoniana Lamb	松科	散形	常绿乔木，干皮红褐色，冬芽褐色，大树姿态雄伟
南天竺	Nandina domestica	小檗科	散形	枝叶秀丽，秋冬红果；庭园观赏，可丛植或盆栽
南洋杉	Araucaria cunninghamii.	南洋杉科	圆锥形	常绿针叶乔木，枝轮生，下部下垂，叶深绿色，树姿美观，生长强健
女贞	Ligustrum lucidum	木犀科	卵形	花白色，6月开花。适作绿篱或行道树
蒲葵	Livistona chinensis R. Br	棕榈科	伞形	干直立可高达6～12m，叶扇形，叶柄边缘有刺，生长繁茂，姿态雅致
千头柏	Junlperus chinensis cv. Globosa	柏科	阔圆形	灌木，无主干，枝条丛生
青枫	Acer serrulatum	槭树科	伞状圆锥形	落叶乔木。干直立。树姿轻盈柔美，可养成造型高贵的盆景，为优雅的行道树、园景树、林浴树
雀舌黄杨	B. bodinieri	黄杨科	卵形	枝叶细密，适于庭园观赏。可丛植、作绿篱或盆栽
日本柳杉	Cryptomeria japonica D. Don	杉科	圆锥形 卵形圆形	常绿乔木。枝条轮生，婉柔下垂。叶冬季变为褐色，翌春变为绿色
榕树	Ficus microcarpa L.F.	桑科	球形	常绿乔木，干及枝有气根，叶倒卵形平滑，生长迅速，宜于各式剪定
洒金珊瑚	Aucuba japonica cv. Variegata	山茱萸科	伞形	喜温暖温润，不耐寒。叶有黄斑点，果红色。适于庭院种植或盆栽
珊瑚树	Viburnum awabuki	忍冬科	卵形	6月开白花，9～10月结红果。适作绿篱和庭园观赏
山麻杆	Alchornea davidii Franch	大戟科	卵形	落叶花灌木。适于观姿观花
十大功劳	Mahonia fortunei	小檗科	伞形	花黄色，果蓝黑色。适于庭园观赏和作绿篱
石榴	Punica granatum	石榴科	伞形	耐寒，适应性强。5～6月开花，花红色，果红色。适于庭园观赏
石楠	Photinia serrulata	蔷薇科	卵形	喜温暖，耐干旱瘠薄。嫩叶红色，秋冬红果，适于丛植和庭院观赏
水杉	Metasequoia glyptostroboides	杉科	塔形	落叶乔木。植株巨大，枝叶繁茂，小枝下垂，叶条状，色多变，适应于集中成片造林或丛植
丝兰	Y. flaccida	百合科		花乳白色，簇生，6～7月开花。适于庭园观赏和丛植

续表

名称	学名	科别	树形	特征
苏铁	Cycas revoluta	苏铁科	伞形	性强健，树姿优美，四季常青。属低维护树种。适于大型盆栽、花槽栽植，可作主木或添景树。水池、庭石周边、草坪、道路美化皆宜
蚊母	Distylium racemosum	金缕梅科	伞形	花紫红色，4月开花。适作庭荫树。
乌桕	Sapium sebiferum	大戟科	锥形或圆形	树性强健，落叶前红叶似枫，适作行道树、园景树、林浴树
五针松	Pinus parviflora	松科	圆锥形	常绿乔木。干苍枝劲，翠叶葱茏。最宜与假山石配置成景，或配以牡丹、杜鹃、梅或红枫
梧桐	Firmiana simplex	梧桐科	卵圆形	落叶大乔木，叶面阔大，生长迅速，幼有直立，老大树冠分散
相思树	Acacia confusa Willd.	豆科	伞形	常绿乔木，树皮幼时平滑，老大时粗糙，干多弯曲，生长力强
八角金盘	Fatsia japonica	五加科	伞形	性喜冷凉气候，耐阴性佳。叶形特殊而优雅，叶色浓绿且富光泽
小叶黄杨	Buxus microphylla	黄杨科	卵形	常绿小灌木。叶革质，深绿富光泽。枝叶浓密，终年不凋，适于大型盆景、花槽、绿篱、地被
小叶女贞	L. quihoui	木犀科	伞形	花小，白色，5~7月开花。适于庭园观赏和绿篱
雪松	Cedrus deodara	松科	圆锥形	常绿大乔木，树姿雄伟
银杏	Ginkgo biloba L.	银杏科	伞形	秋叶黄色，适作庭荫树、行道树
印度橡胶树	Ficus elastica Roxb	桑科	圆形	常绿乔木，树皮平滑，叶长椭圆形，嫩叶披针形，淡红色，生长速
梓树	Catalpa ovata	紫葳科	伞形	适生于温带地区，抗污染。花黄白色，5~6月开花。适作庭荫树、行道树
棕榈	Tiachycarpus futunei Wendl.	棕榈科	伞形	干直立，高可达8~15m，叶圆形，叶柄长，耐低温，生长强健，姿态亦美
棕竹	Rhapis humilis Blume	棕榈科	伞形	干细长，高1~5m，丛生，生长力旺盛，树姿美
慈孝竹	Banbusa multiplex	禾本科		丛生竹类，杆丛生，杆细而长，枝叶秀丽，适于庭园观赏
凤尾竹	Bambusa multiplex	禾本科		丛生竹类，喜温暖湿润气候，杆丛生，枝叶细密秀丽
刚竹	Phyllostachys viridis	禾本科		单生竹类，喜温暖湿润气候，稍耐寒，秆直，淡绿色，枝叶青翠
黄金间碧玉竹	Bambusa vulgaris Schrader ex Wendland var. vittata A. et C. Riviere	禾本科		单生竹类，观赏竹。竹秆黄色嵌以翠绿色宽窄不等条纹
紫藤	Wisteria sinensis Sweet.	豆科		攀援落叶藤木，阳性、略耐阴，耐寒，落叶，适应性强，花堇紫色，芳香；攀援棚架、枯树等
扶芳藤	Euonymus fortunei	卫矛科		常绿藤木或匍匐灌木，耐阴，喜温暖湿润气候，不耐寒，常绿，入秋常变红色，攀援能力较强
薜荔	Ficus pumila L.	桑科		常绿攀援或匍匐灌木，适于攀缘山石、墙垣、树干等
长春藤	Hedera helix	五加科		攀援藤木，阴性，喜温暖，不耐寒，常绿性，花白色，芳香
络石	Trachelospermum jasminoides	夹竹桃科		常绿攀援藤木。花白色，芳香，5月开花。适于攀缘墙垣、山石、或作盆栽
中国地锦（爬山虎）	Parthenocissus trcuspidata	葡萄科		攀援藤木，喜阴湿，攀援能力强，落叶性，适应性强，秋叶黄色、橙黄色

3）常用草花表（表3-3）

常用草花表　　　　　　　　　　　　　　　　　　　　　　　　　　　　　　　　　　表3-3

名称	学名	开花期	花色	株高	用途	备注
百合	Lilium brownii var.	4～6月	白、黄及其他色	50～100cm	切花、盆栽	
百日草	Zinnia elegans Jacq	5～7月	红、紫、白、黄	20～120cm	花坛、切花分单复瓣，有大轮的优良种	
彩叶芋	Caladium bicolor Vent.	5～8月	白、红、斑点	20～30cm	盆栽观赏叶	
草夹竹桃	Phlox paniculata L	2～5月	各色	30～50cm	花坛、切花、盆栽	
常春花	Catharanthus rosea(L.)	6～8月	白、淡红、深红、红色、白心	30～60cm	花坛、绿植、切花花期长	适于周年栽培
雏菊	Bellis perennis L	2～5月	白、淡红	10～20cm	缘植、盆栽	易栽
葱兰	Tephyranthes caudida Herb	5～7月	白	15～20cm	缘植	繁殖力强易栽培
翠菊	Callistephus chinensis Nees.	3～4月	白、紫、红、蓝	20～80cm	花坛、切花、盆栽、缘植	三寸翠菊12月开花
大波斯菊	Cosmas bipinnatus Cav	9～10月、3～5月	白、红、淡紫	90～150cm	花坛、境栽周年可栽培、欲茎低需摘心	
大丽花	Dahlia pinnate Cav.	11～6月	各色	60～90cm	切花、花坛、盆栽	
大岩桐	Sinningia speciosa Benth & Hook	2～6月	各色	15～20cm	盆栽	过湿之时易腐败，栽培难
吊钟花	Pensfemon campanalatus Wild	3～8月	紫	30～60cm	花坛、切花、盆栽宿根性	
法兰西菊	Chrysanthemum frutes	3～5月	白	30～40cm	花坛、切花、盆栽、境栽	
飞燕草	Delphinium ahacis L	3月	紫、白、淡黄	50～90cm	花坛、切花、盆栽、境栽	花期长
凤仙花	Impatiens balsamina L	5～7月	赤红、淡红、紫斑、白、红白相嵌	40～80cm	花坛、缘植易栽培	可周年开花，夏季生育良好
孤挺花	Amaryllis belladonna L	3～5月	红、桃、赤斑	50～60cm	花坛、切花、盆栽	种子繁殖时需2～3年开始开花，常变种
瓜叶菊	Senecioa cruentus D.C	2～4月	各色	20～50cm	盆栽	须移植2～3次
瓜叶葵	Helianthus cucumerifolius Torr & Gray	4～7月	黄	60～90cm	花坛、切花分株为主	适于初夏切花
红叶草	Iresine herbstii	3～6月	白、红	30～50cm	缘植	最适于秋季花坛缘植观赏叶
鸡冠花	Celosia cristata L.	8～11月	红、赤、黄、白等色	30～90cm	花坛、切花	花坛中央或境栽
金鸡菊	Coreopsis drummcndii Toor	5～8月 3～5月	黄	60cm	花坛、切花 种类多、花性强、易栽	
金莲花	Tropceolum majus L	2～5月	赤、黄		蔓性、盆栽	有矮性种
金鱼草	Antirrhinum majus L.	2～5月	各色	15～120cm	花坛、切花、盆栽、境栽	易栽
金盏菊	Calendula officinalis L.	2～5月	黄、橙黄	30～60cm	花坛、切花	
桔梗	Platycodon grandiflorus A.DC.	4～5月	紫、白、蓝、蓝紫等色	40～100cm	花坛、切花、盆栽、缘植	宿根性有复瓣花
菊花	Dendranthema morifolium	10～12月	各色	40～100cm	花坛、切花、盆栽	生育中须注意病虫害
孔雀草	Tagetes patula L	5～6月 12～3月	黄、红	20～40cm	花坛、切花、境栽	易栽培
兰花	Cymbidium spp	2～3月	红、黄、白、绿、紫、黑及复色	20～40cm	盆栽、自然布置	

续表

名称	学名	开花期	花色	株高	用途	备注
麦秆菊	Ammobium alatum R	4~7月	白、红、黄、淡红	50~90cm	花坛、境栽	秋播花大，春播花小
美女樱	Verbena hybrida Voss	3~6月	红、紫、淡红、粉、白、蓝	30~50cm	花坛、切花	欲茂盛须摘心
美人蕉	Canna indica L.	夏秋季	白、红、黄、杂色	50~150cm	花坛、列植	
茑萝	Quamoclit pennata Bojer.	6~10月	红、白	蔓细长，可高3~7m	垣、园门、境栽	蔓性，易繁茂、花小
牵牛花	Pharbitis nil	6~8月	各色	蔓性绿篱、盆栽		品种颇多
千日红	Comphrena globosa L	6~8月	紫、白、桃、粉红、深红、淡黄等色	40~60cm	花坛、缘植	夏季生育良好
秋海棠	Begonia spp	4~5月	红、淡红	10~20cm	盆栽	可全年观赏
三色堇	Viola tricolor Var	2~5月	黄、白、紫斑等色	15~30cm	缘植、盆栽	好肥沃土地
十支莲	Portulaca grundiflora Hook	6~8月	黄、白、红、赤斑	20cm	花坛、盆栽	好高温及日照
矢车菊	Centaurea cyanus L	4~5月	蓝、白、灰、淡红	50~90cm	花坛、切花、盆栽、境栽	肥料多易发腐败病
石竹	Dianthus chinenis L	1~5月	各色	20~40cm	花坛、盆栽、切花	分歧性、丛性
水仙	Narcissus spp	1~3月	白、黄	15~40cm	盆栽	好肥沃土地
睡莲	Nymphaea tetragona Georgi	6~10月	白、黄、红	浮水面而开，生长水深80cm为宜	池	用肥沃土壤盆栽。宜生长于水质清洁、温暖的静水中
蜀葵	Althaea roseo Cav	3~6月	红、淡红、紫、黄、白	200~300cm	寄植	适于花坛中央寄植
太阳花	Portulaca grandiflora	6~8月	白、黄、红、紫红等	15~20cm	花坛、境栽、缘植、盆栽	
唐菖蒲	Gladiolus spp	3~6月	各色	60~90cm	切花、盆栽	排水良好，肥沃的土地能产生良好的球茎
天竺葵	Pelargonium nortorum Bailey	周年5~7月	红、粉、白、紫等色	20~30cm	切花、盆栽	花期长
万寿菊	Tagetes erecta L	5~8月 周年	黄、橙黄	60~90cm	花坛、绿植	易栽培
五色苋	Alternanthera bettzickiana	12月~翌年2月	叶面有红、蓼、紫绿色叶脉及斑点	40~50cm	毛毡花坛	
勿忘我	Myosotis sorpioides L	3~5月	紫	20~30cm	花坛、切花	为青年人所称道而有名
夕颜	Calonyction acultum House	6~8月	白		蔓性、绿篱、盆栽	
霞草	Gypsophila panivulate Biob	3~5月	白	30~50cm	寄植	易栽、花期长
香石竹	Dianthus caryoplhyus L	1~5月	白、赤、蓝、黄、斑等	30~50cm	花坛、盆栽、切花 欲生长良好须在9月插本	适于桌上装饰
香豌豆	Lathyrts osoratus L	11~5月	各色	100~200cm	寄植，好肥沃土地须直播，移植不能结果	
香紫罗兰	Cheiranthus chirt L	3~5月	黄、淡红、白	30~60cm	花坛、切花、盆栽	
向日葵	Helianthus annus L	6~8月	黄	1m	花坛、境栽	植花坛中央或后方为宜
小苍兰	Freesia refracta Klett	2~4月	各色	30~40cm	切花、盆栽、花坛	
雁来红	Amaranthus tricolor L	8~11月	红、赤、黄	1m左右	花坛、切花	观叶栽培

续表

名称	学名	开花期	花色	株高	用途	备注
一串红	Salvia splerdens Ker-Gawl	周年2～3月，11月	红、赤等色	60～90cm	花坛、切花	易栽
樱草花	Cyclamen perslcum Mill	4～6月	桃、淡红	15～20cm	盆栽，栽培难，管理须周到	
郁金香	Tulipa gesneriana L	3～5月	红、白、黄及其他色	20～40cm	花坛、盆栽	
虞美人	Papaver rhoeas L.	3～5月	红、白	50～60cm	花坛、盆栽	忌移植
羽扇豆	Lupinus perennis L.	3～5月	红、黄、紫	50～90cm	花坛、切花、盆栽忌移植，须直播	
羽衣甘蓝	Brassica Oleracea var. acephala f. tricolor Hort.	4月	叶色多变。外叶翠绿，内叶粉、红、白等	30～40cm	花坛，喜冷凉温和气候，耐寒耐热能力强	
樱草	Primula cortusides L.	3～5月	白、赤、桃、黄	15～30cm	盆栽、切花	发芽时须注意
紫罗兰	Matthiola incana R. Br	3～4月	红、淡红	20～60cm	花坛、切花、盆栽	
紫茉莉	Mirabilis jalapa L.	6～7月	赤、淡红、白	50～80cm	花坛	宿根性周年生育
酢浆草	Oxalis cariabilis Jacq	3～4月	黄、淡红	15～20cm	盆栽、缘植	

4）重要木本花卉表（表3-4）

重要木本花卉表　　　　表3-4

名称	学名	科别	开花期	花色	特征
八仙花	Hydrangea macrophylla Seringe	虎耳草科	3～5月	碧蓝、紫红、粉红、粉白等	落叶小灌木。可利用盆花布置花坛、花台，花姿雍容华贵，人见人爱
茶花	Tea japonica L	山茶科	早春	各色	常绿灌木，树冠圆锥形，叶深绿色椭圆形，先端尖，革质
吊钟海棠	Fuchsia hybrida	柳叶菜科	1～6月	白、粉红、橘黄、玫瑰紫、茄紫	多年生常绿灌木，花朵如悬挂的彩色灯笼
杜鹃	Rhododendron Simsii Planch.	杜鹃花科	3～4月	紫、粉、白或斑纹变化	四季常绿，花品高雅，适于花槽栽植、作绿篱、修剪整型造型
扶桑花	Hibiscus Rosa-Sinensis Linn	锦葵科	周年	各色	大轮花，常绿灌木，树冠圆锥形，叶大而叶柄长，花成漏斗有复瓣单瓣，花色多
桂花	Osmanthus fragrans Lour.	木犀科	秋季	黄色小花	常绿灌木或小乔木，枝叶密生，叶革质，椭圆形，树姿美观，花有芳香
黄花夹竹桃	Thevetia peruviana K.Schum.	夹竹桃科	夏季	黄	常绿大灌木或小乔木，树冠不整，叶披针形，花顶生，花冠漏斗状
夹竹桃	Nerium indicum Mill.	夹竹桃科	夏秋季	淡红、深红	常绿大灌木，枝条直立丛生，叶无柄，对生或轮生
金丝桃	Hypericum chinense Linn.	金丝桃科	6～7月	金黄	常绿或半常绿灌木，适于庭园观赏和草坪丛植
金钟花	Forsythia viridissima Lindl.	木犀科	3～4月	金黄	落叶灌木，适于庭园观赏和丛植
腊梅	Chimonanthus praecox Link.	腊梅科	1～2月	黄	花浓香，适于庭园观赏和盆栽
麻叶绣球	Spiraea cantoniensis Lour.	蔷薇科	4月	白	小花聚生成团，色白清丽素雅。花坛不可过分密植，以防病害枯萎死亡
马缨丹	Lantana camara L.	马鞭草科	9～4月	红、黄、橙、白、蓝等色	半蔓性植物，全株有细毛，生长健，花期长
满天星	Serissa foetida Linn	茜草科	春秋季	白色带紫	小灌木，枝条密生，叶对生，易脱落，长椭圆形

续表

名称	学名	科别	开花期	花色	特征
茉莉花	Jasminum sambac Ait	木犀科	夏季	白	常绿小灌木，叶厚对生，有光泽，枝条繁茂，花有芳香
木芙蓉	Hibiscus mutabilis L	锦葵科	9～10月	淡红、白	落叶灌木或小乔木，树冠不整，树皮灰色，叶大有长叶柄
木槿	Hibiscus syriacus	锦葵科	5～10月	淡紫、桃红、白等色	花姿柔美，适于花槽栽植及低篱、行道美化
球兰	Hoya carnosa R.Br	萝摩科	夏季	暗白带红	多年生藤本，枝条密生短毛，叶互生，有长叶柄，呈肉质
桃花	Prunus. persica Batsch	蔷薇科	3～4月	粉红	落叶小乔木。适于庭园观赏和片植
贴梗海棠	Chaenomeles. speciosa	蔷薇科	4月	粉、红、朱红、红白相间，秋果黄色	适于庭园观赏
樱花	Prynus. serrulata	蔷薇科	4月	粉红、白	适于庭园观赏、行道树和丛植
迎春	Jasminum nudiflorum	木犀科	早春(叶前)	黄	落叶灌木。适于庭园观赏和丛植
云南黄馨	Jasminum mesnyi	木犀科	4月	黄	常绿藤状灌木。枝拱形，适于庭园观赏和盆栽
栀子花	Gardenia jasminoides Ellis	茜草科	夏季	白玉色	常绿灌木，干直立丛生，分枝繁茂，花有芳香
指甲花	Lawsonia inenmis L	千屈菜科	初夏	淡红	小灌木，小枝有刺，叶对生椭圆形
紫荆	Cercis chinensis	豆科	3～4月	紫红	花于叶前开放。适于庭园观赏和丛植
紫薇	Lagerstroemia indica	千屈菜科	5～8月	粉、桃、紫红、白等	生长快速。仲夏开花万紫千红，为优良的园景树、行道树

5) 常用草坪地被植物表（表3-5）

常用草坪地被植物表　　　　　表3-5

名称	学名	科别	特征
高羊茅	Festuca arundinacea	禾本科	多年生、丛生型草。叶片较粗糙，耐热性及耐寒性均较强。耐践踏性强，抗病性强，观赏效果中等，绿期长。用于管理粗放的场地
狗牙根（百慕达）	Cynodon dactylon	禾本科	叶绿低矮。宜作为游憩、运动区草坪
结缕草	Zoysia japonica	禾本科	叶宽硬，丛生，叶色深绿，草属密集均匀，具较高的弹性韧性。适应性强，喜阳光，不耐荫。与杂草竞争力强，易形成一连片平整美观的草坪。适于游憩、运动场、高尔夫球场草坪
络石	Trachelospermum jasminoides	夹竹桃科	常绿攀援藤木。花白色，芳香，5月开花。适于攀缘墙垣、山石、或作盆栽
马尼拉草（半细叶结缕草）	Zoysia matrella Merr.	禾本科	叶面宽度约2mm。草色翠绿，草层具有弹性，病虫害少，覆盖率极高，具有较强的蔓延侵占力及竞争能力。适用于运动场、庭园等
麦冬草	Ophiopogon japonicus	百合科	多年生草本，根茎纤细，具纺锤块根，全株呈叶丛生状；叶线形，先端尖细，暗绿油亮；总状花序，花丛生成束，花冠淡紫色。常用于花坛边缘或沿路边
天鹅绒草（细叶结缕草）	Zoysia tenuifolia	禾本科	叶片最细的草种。耐旱性强、耐暑性强、耐寒性极弱，耐阴性弱。冬季低温期呈枯黄现象
三叶草	Ttifolium repens	豆科	耐半阴，耐寒，喜湿润
马蹄瑾	Dichondra repens	旋花科	喜光及温暖湿润气候，耐低温，耐践踏

(3) 种植技术要求（表3-6）

种植技术要求——栽植间隔　　　　　　　　　　　　　　　　　　　　　　　　　　表3-6-a

分类	栽植间隔	分类	栽植间隔
林荫树	6~8m左右	杜鹃花密植	H：0.3m者，10~12棵/m²左右
建筑区内行道树	4~5m左右	桂花类密植	H：0.5m者，6~8棵/m²左右
遮蔽用树木	H：3~4m者，1棵/m²左右	黄杨类密植	H：0.5m者，12~15棵/m²左右
	H：5~6m者，0.5棵/m²左右	黑德拉密植	约36棵/m²左右
植篱	H：1.2~1.5m者，3棵/m²左右	小熊竹密植	约100棵/m²左右
	H：1.8~2.0m者，2~2.5棵/m²左右	富贵草密植	约100~144棵/m²左右

种植技术要求——树池与树池箅　　　　　　　　　　　　　　　　　　　　　　　　表3-6-b

树高	必要有效的标准树池尺寸	树池箅尺寸
H：3m左右	直径60cm以上，深50cm左右	直径750cm左右
H：4~5m左右	直径80cm以上，深60cm左右	直径1200cm左右
H：6m左右	直径120cm以上，深90m左右	直径1500cm左右
H：7m左右	直径150cm以上，深100cm左右	直径1800cm左右
H：8~10m左右	直径180cm以上，深120cm左右	直径2000cm左右

种植技术要求——耐荫程度　　　　　　　　　　　　　　　　　　　　　　　　　　表3-6-c

耐荫程度	常见的植物种类
喜阳植物（阳光充足条件下才能正常生长）	大多数松柏类植物、银杏、广玉兰、鹅掌楸、白玉兰、紫玉兰、朴树、毛白杨、合欢、牵牛花、结缕草等
耐荫植物（庇荫条件下才能正常生长）	罗汉松、花柏、云杉、冷杉、建柏、红豆杉、紫杉、山茶、栀子花、南天竹、海桐、栅珊瑚树、大叶黄杨、蚊母树、迎春、十大功劳、长春藤、玉簪、八仙花、麦冬、沿阶草等
中性植物	柏木、侧柏、柳杉、香樟、月桂、女贞、桂花、小叶女贞、白鹃梅、丁香、红叶李、夹竹桃、七叶树、石榴、麻叶绣球、垂丝海棠、樱花、葱兰、虎耳草等

4．地面铺装

硬质铺装分为：高级铺装，适用于交通量大的道路；简易铺装，交通量小的道路；轻型铺装，人行道、园路、广场。常用铺装材料和做法如下面所示：

(1) 沥青路面（图3-18）。

(2) 混凝土铺装（图3-19）。

(3) 卵石嵌砌铺装（图3-20）。

(4) 预制砌块（图3-21）。

(5) 石材铺装（图3-22）。

(6) 砖砌铺装（图3-23）。

图3-18 沥青路面

图3-19 混凝土铺装

图3-20 卵石嵌砌铺装

图3-21 预制砌块

图3-22 石材铺装

图3-23 砖砌铺装

5. 水体设计

(1) 水景的分类

水景设计是景观设计的难点，也经常是点睛之笔。水的形态多种多样，或平缓，或跌宕，或喧闹，或静谧，而且潺潺水声也令人心旷神怡。

景观设计中的水分为止水和动水两类，其中动水根据运动的特征又分为跌落的瀑布型水景（图3-24）、流淌型水景（图3-25）、静止的湖塘型水景（图3-26）、喷射的喷泉式水景（图3-27、图3-28）。

图3-24 跌落的瀑布型水景

图3-25 流淌型水景

图3-26 静止的湖塘型水景

图3-27 喷射的喷泉式水景　　　　　图3-28 喷射的喷泉式水景

(2) 水景设计要点

1) 注意水景的功能，是观赏类，嬉水类，还有专为水生植物和动物提供生存环境。

2) 水景设计须和地面排水相结合。

3) 在寒冷的北方，设计时应该考虑冬季时的处理。

4) 注意使用水景照明，尤其是动态水景照明。

5) 在设计水景时注意管线和设施的安放。

6) 注意防水层和防潮层处理。

6. 地面构筑物设计

(1) 台阶和坡道（图3-29）

步行坡道的坡度为1：12且坡道长度超过10m时，要增设休息平台。

(2) 公共设施及公共艺术品（图3-30、图3-31）

公共设施和艺术品有两个特征：功能性和艺术性。

关于功能性主要体现在满足特定的使用功能，如：路灯、电话亭、垃圾箱、坐椅、候车亭、指示牌、广告牌等。而艺术性是为观赏者提供审美体验。

图3-29 台阶和坡道　　　　图3-30 街道上的公共设施　　　　图3-31 街道上的艺术品

公共设施通常是具有功能性的，同时也强调新颖、美观、独特。好的公共设施应达到功能与艺术的完美结合。

艺术品要强调艺术的感染力和表现力。它可以有使用功能，也可以不具备使用功能，仅供观赏。

7. 设计方法及程序

（1）设计方法

西蒙兹认为景观设计应从策划的形成开始。

1）策划的形成　首先理解项目特点，然后进行调查研究，并在历史中寻求适用案例，前瞻性地预想新技术、新材料和新规划理论的改进。

2）选址　首先将计划中必要或有益的场地特征罗列出来，其次寻找和筛选场址范围，再寻求数据的帮助。

3）场地分析　借助地形测量图和场地分析图。

4）概念规划。

5）影响评价。

6）综合。

7）施工和使用运行。

（2）设计程序

1）与业主接触。

2）研究与分析。

3）设计。

4）执行设计。

5）维护。

6）评估（施工后）。

3.3　城市景观概要

3.3.1　城市绿地系统规划（图3-32、图3-33）

城市绿地系统规划中需要遵循以下几点原则：

(1) 整体性原则。

(2) 多样性原则。

(3) 地方性原则。

(4) 生态性和景观性结合原则。

(5) 生态廊道和节点统筹考虑原则。

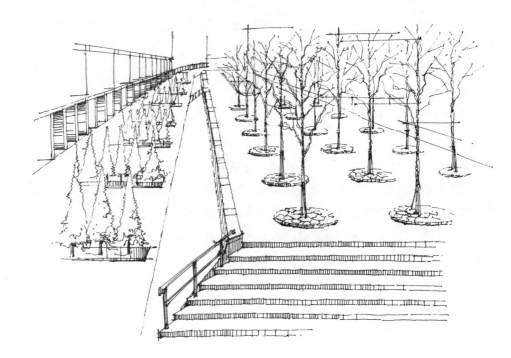

图3-32 城市绿化设计

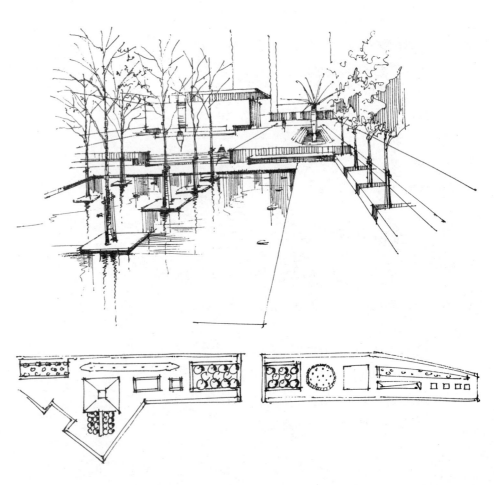

图3-33 水体设计

3.3.2 城市开放空间

城市开放空间一般指室外的公共空间,包括街道、广场、公园和自然风景区等。

1. 城市公园

公园设计需要注意以下几点:

(1) 完备的附属设施:服务设施、餐厅、厕所、垃圾桶、公共标识。

(2) 新颖的游乐策划。

(3) 公园的文化特色和地方特色相结合。

2. 城市广场(图3-34、图3-35)

欧洲的城市广场起源较早。古罗马城市中,在十字路口的喷泉旁,人们除了取水以外,还会相互交谈、交流信息,无疑这种空间已经具有了城市广场的某些特征,给人提供了聚集和交流的场所。从功能上分,现代城市广场可以分为市政广场、纪念广场、交通广场、商业广场和休息娱乐广场。

现代城市广场作为以集会休闲为目的的人流高密度场所,应具备以下几个特点:

(1) 提供支持聚集交往的场所,并具有合适规模的场地。

(2) 具有相对明确的空间边界和相对明确的格局。

(3) 为了避免没有"人气"的广场,应当和城市中的文化、体育或博览建筑相结合,形成城市空间系统。

图3-34 KHR设计事务所在1980年设计的平面布置图
图3-35 哥本哈根市政广场

(4) 注意地方性和历史人文的积淀。

3. 交通空间景观（图3-36）

街道的尺度、界面和空间构成往往成为城市特色的重要组成部分，街道景观成为城市景观中最有特色的部分。

4. 水景观带设计（图3-37）

传统人类依水而居，很多城市在生长过程中，都是由滨水地带的发展而带动其他地区的，例如上海、巴黎、伦敦、天津、墨尔本等城市。正因如此，滨水地区的资源荷载比城市其他区域都大，因而也最容易老化。

对于滨水景观带的规划和开发应当注意以下几点：

(1) 滨水地区的共享性和开放性。滨水地区是城市最为美丽的地区，应当为全体市民无偿拥有。

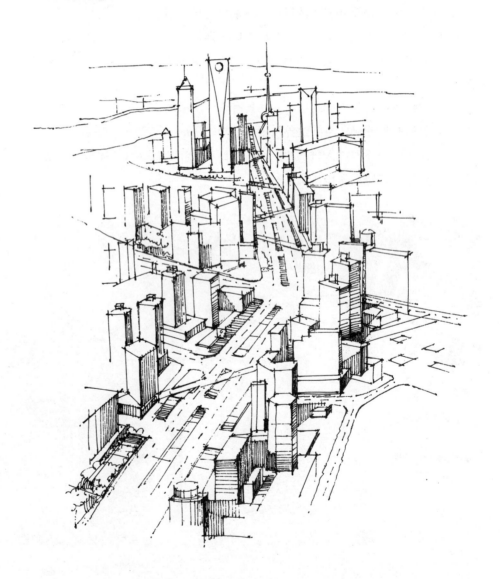

图3-36 世纪大道的规划设计

第3章 城市景观设计

图3-37 水景观带设计

（2）将滨水景观规划纳入到整个城市景观规划的整体框架之中，增加滨水带和其他地带的相互联系，包括视觉上的也包括交通上的，以滨水景观带的开发带动整个城市的发展和整体人居环境品质的提高。

（3）在滨水景观带规划中，应注意保持原有物种的丰富性，避免对原有湿地生态系统造成无法挽回的损失。

（4）在创造亲水情趣的同时，应当注意防洪设施的安全。

（5）强调沿河景观的整体化，防止建筑间缺乏协调，避免破坏沿河景观的轮廓线。

5. 城市雕塑

雕塑作为城市景观中的重要组成部分可以分为以下三个方面：

（1）景观中的雕塑（图3-38）。

（2）纯体现艺术性的雕塑（图3-39）。

（3）与建筑结合的雕塑（图3-40）。

3.3.3　自然景观保护

自然风景区规模划分：小型风景区，面积小于20km^2；中型面积，面积为20~100km^2；大型风景区面积为100~150km^2；特大风景区大于500km^2（图3-41）。

图3-38　景观中的雕塑

图3-39　纯体现艺术性的雕塑

图3-40　与建筑结合的雕塑

图3-41　自然景观

图3-42 丽江城景观

3.3.4 人类学景观和历史景观保护（图 3-42）

在这一类景观保护中，最为重要的是统一性原则和有机性原则。在传统村落和城镇景观保护中，建筑、地段和城市肌理、城市空间应当整体考虑，城镇的整体特色才是保护重点。

3.3.5 庭院设计

应注意以下几点：a. 和建筑空间的协调性；b. 亲和性；c. 可达性（图 3-43）。

图3-43 庭院设计

第4章
建筑景观环境艺术

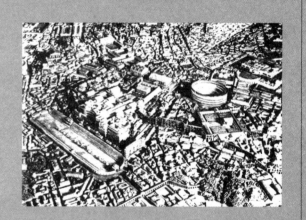

第4章 建筑景观环境艺术

4.1 行为活动与建筑组群设计

我们通常对建筑有两种形式的概念：其一，建筑是水泥、砖、砂浆的产物，它们实际的物理环境包括结构外壳、维护体系、受力体系、装饰和装修；其二，虽然不如建筑物理环境显而易见，但由于使用了尺、光学仪器、温度计等测量仪器，使建筑是相当客观和可度量的。这种方法的重点在于物理环境所创造的空间和感官的要素，其中建筑的大小、多少、比例和空间方位等是空间的关系，而光、声音、温度、气温和质感都是典型的、最显著的感官要素。

心理学上有一种划分人们生活经历的传统被称之为形态。感觉、认知、行为、情感和意义，这些方式的依次顺序为：先感觉后认知，重点强调行为。因为，行为是最显而易见和可估量的方面，而这种概念已经给行为科学带来了巨大的启示性价值。毫无疑问，这种普遍意义上的场所体验方式，尤其是行为方式，是联系人的观念与建筑的最有成效的方式。

一个不同的从长远看来更有前景的方法被认为是空间的品质，而不是体验到的场所形态。这种方法主要关注我们在空间中活动时归因于场所的空间品质。大量的环境设计研究、使用者需要的研究和环境心理学的研究，包括非设计人员对场所的反映，都显示出空间品质的特征。下面的一系列品质特征是从较为广泛的建筑场所类型中概括出来的。

(1) 刺激　体验空间时，各个感觉器官（视觉、触觉、听觉等）对空间的感受的多少和深刻程度。

(2) 可到达性　空间的通畅和对环境的认知感。

(3) 拥挤感　在一个环境当中觉察到的空间拥挤程度。

(4) 私密性　避免视线干扰和声音干扰。

(5) 控制　个人占有公共空间的程度。

(6) 易辨认性　人们对于概念化的关键的空间关系的易理解性，在一个环境中对道路的识别性。

(7) 舒适感　环境提供的感官良好的、适合于人体尺度的、便于生活的舒适程度。

(8) 适应性　环境和它的组成部分可以很容易被改造使之适应新的用途。

(9) 社会性　环境设备或社区中人与人之间的接触程度。

(10) 意义　环境赋予人们的个人领域感或集体领域感的意义。

建筑总是受许多场地因素的影响并对其做出反应，如地形、日照条件、风向、植物、气候、景观、周围环境、对自然的保护等。而建筑群的组合也应尽量保证每个建筑都是好的建筑。如何令房子、花园、街道、广场和邻里恰当地组织在一起构成一种生活方式，来提高人们的生活质量。这需要构思一个空间方案，一个布局事物之间彼此联系的方案。

在建筑群的设计中，提供关系协调的开放空间的设计变得很重要，它成为衡量生活模式的标准。要学习如何利用现存景观模式、现有场地配置，如何适当地利用土地等规定设计应该关注的细节。不要去破坏现有的植被、山坡和河流的排水系统，保持现有的自然资源很重要，它关系到新的构筑物以怎样的方式加入到场地中来。密度、高度、天际线、视觉通道，这些问题都是建筑组群设计中必须仔细研究的。在规划中,需要认真考虑符合人体的尺度。应该如何处理街道和小路，花园和广场？应该怎样影响人们在街区上、咖啡馆内以及节假日里的生活？对建筑组群空间不能只进行二维的平面设计，要更加关注在那里活动的人的感受——行动的感觉、听觉、视觉、嗅觉和人们生产、娱乐、交往的所有可能性，要谨记设计的目的在于为人类所有的活动提供适宜的空间。

设计不存在程式，设计的世界永远是充满变化的。虽然建筑组群的设计受各类规范、规定的制约，但变化随时发生，我们必须接受新思想。在这里，笔者无法教给大家如何用公式来表达一种思想，只能探讨由哪里能获得思想。能够沟通的只是一种思维方式。

4.2　日照、通风、噪声与建筑组群设计

4.2.1　日照

卡郎·康诺利曾经说过："我把日光视为景观建筑与环境因素的一部分。在设计中我最常利用的不是材料，而是光和影。如果你有一扇窗户，那么在一天特定的时间里，树影会透过窗户投在墙壁上，我把它就视为一种景观的因素。如果你没有预先考虑对景观的设计，然而这里正好有一处现成的风景，那么你就考虑从建筑的窗户能看得到这片风景……在这里，自然光就像是一种建筑材料。"这一观点精辟地概括出了太阳光在建筑设计中所扮演的重要角色。日光与室外的自然环境是宝贵的资源，我们的设计应该让日光尽可能地透射到室内。最善于利用光影的两位大师是路易斯·康（Louis Kahn）与安藤忠雄。路易斯·康曾经将建筑描绘成为"自然光的固定设备"。多么精辟的论断！对自然光的掌握在建筑

设计中有着难以置信的重要性，它不仅有利于建筑造型的塑造，更有利于能源的利用。建筑内部的光环境能够产生令人愉悦的戏剧性效果。射入建筑的光线具有不同的性质，从上午到下午，从早晨到晚上，从夏季到冬季都有所不同，每一天都有自己的特点。随着光线的变化，无论是细微的还是剧烈的，建筑与空间也随之显示不同的性格。因此在建筑群体设计时，尽量充分、有效地利用光照是极其重要的事。不同的地区，由于地理纬度和气候的不同，光照的质和量是不同的，因而建筑群的设计排列也是不一样的。在北半球，东面的相邻建筑会阻挡早上的阳光，却能在下午将阳光反射到室内；住在山顶上的居民有更多的机会接受阳光，而山脚下的居民获得的日照就少得多；地面的反射也会影响到日照量，浅颜色的铺地材料能使室内空间变亮，但过多的地面反射可能会引起眩光。在利用日光的建筑群设计中，体量与方向是首先要考虑的因素。进深大的建筑其内部的光照会不足，而进深小的建筑日照相对充足。东方小进深的建筑，南北立面的增长，解决了在早晨和黄昏太阳高度角较小时室内光线不足的问题。小进深的建筑可以布置成直线排列或弯曲形态，中间围合成庭院也是增加采光的另外一种方式。另外，窗的大小直接影响采光的效果。有一个标准，建筑进深不超过窗高的 2.5 倍，室内的日照是充分的。当然，天窗接受阳光更直接，但需要遮阳设备来防止过热和过亮。

4.2.2 通风

在冬季防止冷风渗透，在夏季尽量形成与室外的通风换气，是建筑组群设计必须要考虑的。此外，风可以产生各种压力作用，它可以将建筑的附着物吹起，也可以使高层建筑晃动。显然这些地方性的潜在力量，在设计中必须完全考虑，尤其是高层建筑组群对局部风的影响是不好解决的问题。

4.2.3 噪声

噪声是不受欢迎的声音。声音的功率、音调和持续时间可以准确地描述，其喧闹程度则是一种主观品质，所以噪声的分析和控制是以技术完美伴随着社会学上的混乱而著称。过去做过的大多是室内声学方面的工作，而对更不容易控制、更日益紧迫的室外噪声却未给予更多的关注。声音很小的环境可能使人困扰但却少见，今天的声源越来越强大而且无处不在。那么通常的问题是找出噪声传播途径及降低噪声的方法。一些声源及感觉大体如下：声音为 0dB，为听觉的起始；10dB，树叶沙沙声；20dB，寂静村舍室内柔声低语；30dB，安静的城市公寓室内；40dB，安静的办公室；50dB，吵闹的办公室、一般厨房环境噪声、干扰持续对话的噪声；60dB，正常对话的噪声级、变得有侵扰性的噪声；70dB，15m 处以 80km/s 行驶的汽车声，电话交谈困难；80dB，繁忙的街市，噪声明显扰人；90dB，嘈杂的厨房，长期暴露于此有可能损害听力；100dB，电动割草机、靠近货运列车，有丧失听力的危险；110dB，气锤，如雷贯耳；120dB，扩音摇滚乐；130dB，喷气机 30m 处飞过；135dB，耳膜刺痛。主要室外噪声源是城市交通车辆，即室外能源的主要消耗者：汽车、卡车、火车和飞机。街道是普遍存在的噪声源，其噪声声频的变化直接取决于车流量、卡车及其他重型车辆比重、限速、坡度大小、出现加速减速停车启动的次数等。在噪声环境中做硬质墙面、地面，将建筑排成长行或围合院落，使声音在地面与墙面间回荡是不明智的。无声响反射的墙面会降低噪声水平，但要做成耐候而又质地致密，有效吸声的墙体人工表面却是困难的。纹理细密而较厚的植被可以减噪。然而最常见的是，倘若设计师不能在声源处降低噪声，他将首先依靠距离来降低噪声水平。因此，建筑组群和户外活动活跃的地段要彼此分开并与室外噪声源分隔。为防止谈话声传播，不同房间面对面开窗的距离不小于 9 ~ 12m，同一墙面相邻窗相距 2 ~ 3m。如果不能加大距离，设计师经常采用建立声障的方法来减少噪声传递。种植带作用甚微，只能屏蔽高频噪声但其比重较小。可见度为 20m 的长约 300m 的林地，比之相同距离的开阔地将会多降低噪声 20dB。有效的声障必须坚实（没有孔和缝）、厚且重，因为正是障碍物的惯性才能挡住声音。声障的材质面积密度应重 $5kg/m^2$。进一步说，声障必须阻断声源与接收者之间的视线，因为正是声音克服声障增加的距离使强度减弱。因此长的、高而重的墙或土堆，尽可能靠近声源或接收者，是最有效的声障。建筑组群设计应尽量避免开口向声源的方向，并且利用景观墙可以有效地阻止噪声的传播。

4.3　空间景观环境与建筑组群设计

在自然界，一个完整的景观是由相互平衡良好的力持续作用而形成的。建筑组群设计需要考虑历史的风格、空间感知等因素的影响。建筑组群设计有着历史的风格，所谓风格意味着对空间、活动和素材富有特征的安排。我们已经或应当从我们自己的时代、地方特色出发，发展适合我们自己的风格——它将从过去脱颖而出，但不能重演历史。比如正统的法国花园的壮丽轴线借助于控制大范围形式的力量和显示这种力量的意愿；精致的日本花园借助于细腻的维护和一系列复杂的文化关联；富有生气的意大利广场借助于社会生活方式。然而，设计师正在创造新的原型，以适应现存的或即将出现的景观。人们对场所的感觉体验首先在于空间方面，这是指通过观察者的眼、耳、皮肤以感知周围空气的容积。室外空间，如建筑组群空间，通过光与声而感知，并由围合而限定。然而，它具有自己的特征，并对建筑组群设计施加影响。组群空间比建筑空间更广，形式却更松散，水平尺度通常比竖向尺度大得多，其结构更少采取几何形，连接也不要求那么精确，形式也更不规则。平面异常对一间房间来说将会难以接受，对一个城市广场甚至可能是恰到好处。

设计师有意识地运用人的这种感觉——错觉，相应地去塑造清晰相连的有机整体。一个简洁的、句读分明、权衡得体的室外空间具有强大的影响力。空间的结构以一种纯自然力无法完成的方式得到阐明，空间联系超越时间和距离而建立起来。难以掌握的尺度由于采用视觉度量手段而变得清清楚楚。通过造型与材料的呼应，使局部与整体相联系。空间尺度由于光线、色彩、质感和细部而加强。人眼根据许多特征判断距离，有些特征可以通过控制来夸大或缩小明显的纵深，如远处的物体与近处的物体相重叠；配置在纵深处的物体从移动中的视点去看，会产生视差运动；视线以下的物体越远则越向地平线"上升"；物体越远，尺度越小，质感越强，颜色变蓝；或者平行线明显汇集于消灭点等。有节制地使用、控制这些特征，会提高空间效果，不论是种植一行树，使其间距、重叠、透视中汇聚于消灭点来划分一段本来"定向"的距离，使真正的纵深清晰可见，还是通过背景中使用小尺度蓝绿色细质地的树木，造成纵深的错觉，都可以达到这种效果。

室外空间由树、绿篱、建筑组群、山丘加以限定，但甚少完全达到封闭。它们只是部分地被围合，其形式由空间地面的形状和标示出想像的空中界限的小品加以完成。由于水平的东西支配着户外，竖向的特征有着超常的重要性。我们惊讶地发现，令人望而生畏的山景照片只不过在地平线上记录着小小的扰动，高差的改变能够限定空间，并造成动态运动的效果。基地平面形状不如地坪高差或小的突出部分或视觉焦点上的物体来得重要，后者在地面上创造了真正的视觉空间。层次分明的空间一旦建立，就具有强烈的感染力。封闭小空间的亲切感和开口大空间的振奋感都是人类共有的感觉，两者之间的过渡，感觉尤为强烈，这是或收或放的强有力的感觉。

空间可由不透明的障碍物去封闭，也可由半透明的或间断的墙面加以封闭。空间限定物与其说是视觉终止处，不如看作视觉的暗示，如柱廊、墩柱甚至地面铺砌图案的变化或某些要素想像的延伸。城市空间按传统都由建筑加以限定，但建筑周围空间保持开敞的要求日益增长。这类空间的间断可以由叠接和开口的交错，由跨路天桥、屏蔽墙和柱廊，甚至也可以由矮围篱连成一线加以遮蔽。

空间特征随比例和尺度而改变。比例是各部分的内部关系，可以在模型中加以研究。尺度是一个对象的大小和其他对象大小之间的关系，其他对象包括广阔的天空、周围的景观、观察者自己。由于人眼的特征和人体的尺度，可以对看来使人舒适的外部空间的尺度指定几个尝试性的数值。我们可以在约1200m处辨别出一个人，在 25m 处辨认出这个人，在 14m 处看清这个人的面部表情，并能在 1～3m 处感到他与我们直接的关联——是喜欢还是困扰。这最后一个尺度的室外空间看来已小得令人难以接受，大约 12m 的尺度使人感到亲切，上至 25m 仍然可算宽松的人的尺度。历史上大多数成功的封闭的广场较短的一边的尺度都不超过 140m。此外，超过 1.5km 的长度，很少有好的城市对景。室外围合空间的墙高与空间地面宽之比为 1∶2～1∶3 感觉最舒适，如果这个比值降低到 1∶4 以下时，空间就会缺少封闭感。如果墙高大于地面宽，人们就不会注意天空了。这时，空间变成坑、沟或室外的房间。感觉安全还是窒息取决于空间与人体尺度之比和光线是如何投射进来。

空间形态有着普遍的象征性内涵：大尺度令人肃然起敬，小尺度喜人而有情趣；高而挺拔的体形气宇轩昂，水平线条的体形凝重而持久；圆的体形外观封闭而静止，参差不齐而外凸的体型富有动感，洞穴的保护对应着草原的自由。人类庇护所的基本要素，如屋顶和门，以及天然材料，如土、岩石、水和树木，这一切唤起人们强烈的感情。

一个景观是从有限的一组视点去观赏的，其中包括观赏者沿着运动的路径和某些关键性视点，如窗户、座位或主要出入口。通过稍稍变更地面标高、运动路线方向和设置不透明的屏障，使视线得到控制。观赏者的视点可以通过对景构成视觉框架或细分加以引导，或被引向一条路径或一排反复重现的体形。对于焦点物体的视觉吸引力可以使周围的细部黯然失色。远景可以通过形成对比的近景而予以加强。

由于景观通常是由观察者在运动中去感受，特别是今天，单个景观不如景观序列的积累效果来得重要，缺乏形式平衡感的瞬时影响不如长期影响那么大。走出狭窄道路，进入开阔旷地具有强烈的效果；漫游景观，步移景异，令人流连忘返。潜在可能的运动也具有重要性，一条道路指引着方向，顺着它极目远眺，犹如一线相连。宽阔平坦的台阶引人去走，狭窄而弯曲的小街引向某个隐蔽而诱人的去处。导向至关重要，它包括指引某个目的地的方向，标示已走过的距离、明确的出入口、观察者在整个设计结构中所处的位置。主要景观的布局可以作出暗示，继之以一个近景，在一个支配性的前景之后，景观再次展现，然后又代之以一个紧凑限定的空间，最后，在观察者面前一切豁然开朗。到达的进程，如经过楼梯到达地面，比经过一段平而直的通道更有情趣。在空间序列中，每一个新的环节为下一个空间作准备。这是一个不断创新而又和谐的发展过程，已经发明了许多图象语言，使空间序列的设计有可能进行。建筑组群的设计同样遵循这样的原则。

第5章
城市景观的分类

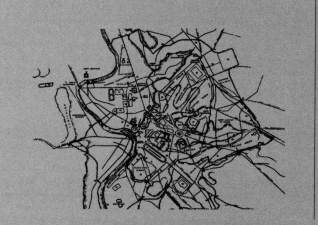

第5章 城市景观的分类

5.1 城市雕塑等公共艺术与景观艺术设计

作为城市雕塑艺术，一般是指较大体量的雕塑作品，其坐落的场域是在城市的室外空间，实施的目的重在装点城市空间和实现其审美的效应，并依据所在城市的特征或地域审美倾向的差异而权衡作品的形式及内涵。它属于公共艺术范畴的内容，作为公共艺术，它的设置场域是开放性的公共空间，其实施的根本目的在于体现一个社会的公共精神及公共利益，其物化形态的类别没有特定的限制，它的实施方式和过程是创作者和享用者共同参与和协作，它面向非特定的社会群体。可以将构成公共艺术概念的几个具有普遍意义的要素归纳如下：其一，艺术作品设置于公共空间之中，为社会公众开放和被其享用；其二，艺术作品具有普遍意义的公共精神及社会公益性质，直接面向非特定的社会群体或特定社区的市民大众；其三，社会参与民主决策艺术品的实施，体现社会公众对设立公共场域艺术的真实愿望；其四，由社会公共资金支付的公共艺术项目属于社会公众。

5.1.1 公共艺术是城市综合环境形态的一部分

无论是出于城市人居环境（包括居住、交通、聚会、游乐及生态环境）建设与改造的需要，还是出于各城市争取经济竞争及市场经营环境的有利地位的需要，都使得当代公共艺术纳入到与城市环境的人文景观、自然景观的整体营构中去。其主流不再是单向的城市雕塑等艺术品的独立存在，而是与城市的公共建筑、街道、车站、广场、剧场、学校、旅游景点、水系、绿化带等一系列景观因素，及其历史文化关系相对应的综合性艺术陈设。更趋向于在工业化社会中对城市空间予以更多人文的、生态价值的关注与呵护，使城市更具有人性和符合人们对大环境的审美需求。公共艺术作品由于一般陈设在较大空间尺度的开放性公共环境之中，除了作品本身在艺术和文化内涵上应该具有某种公共性之外，它将与其周边的诸多环境因素，如视觉的、功能的、心理的、文化的、社会的和自然生态因素产生必然的关联和相互影响，也是构成城市整体景观的不可或缺的重要组成部分。

5.1.2 公共艺术与景观元素的整合

城市环境中,有许多方便人们生活、娱乐、交通而存在的硬质景观(如建筑、车站、墙体、踏步和坡道、堤岸、围栏、街道照明、电话亭、座椅、时钟、招牌、广告柱、种植槽、饮水器、垃圾箱和视觉指示牌等城市公共设施)和以植物绿化及各种水体等形态构成的软质景观。它们作为城市社会中功能性设施和工具的同时,构成了城市环境景观的实体要素。它们与现代公共艺术创作所依托的环境因素(如空间、形式、色彩、肌理、体量等)和物质载体有着密切的视觉审美及环境心理效应上的联系。也正是当公共艺术作品与市民大众的交通、购物、娱乐、休闲、健身、交往及旅游观赏空间达成有机的整合,才能使公共艺术成为城市生活空间的一个不可缺少的美学与精神因素。传统意义的、单纯的公共艺术式样及展示方式,如独立的城市雕塑、建筑壁画、艺术照明设计、艺术设计的花坛、水池等形式拓展至公共空间中一切具有视觉美学意义及文化精神意义的艺术形态。公共艺术与景观环境协调与整合概括起来有以下几个方面:公共艺术与建筑主体环境的融合;公共艺术与"点"状场域环境的融合;公共艺术与"线"状道路环境的融合;公共艺术与水环境的融合;公共艺术与商业、娱乐环境的融合;公共艺术与照明的融合;公共艺术与标志性景物的融合;公共艺术与公园环境的融合;公共艺术与大地自然环境的融合。

1. 公共艺术与建筑主体环境的融合

现代公共艺术作品应与建筑主体或由建筑群所构成的景观密切协调,成为与建筑景观密切相关的一部分。这样,一方面丰富了建筑外部空间的形式,另一方面,强化了建筑环境的文化内涵及艺术特性。并往往使主体建筑及其外延构建成为该区域景观的视觉标识。如西班牙巴塞罗那通往北面高迪艺术作品参观道路入口旁超高层大厦下的建筑群上空,矗立着盖里的巨型钢结构作品"金鱼",它以其别出心裁的艺术创意和表现形式,使造型新奇优美、材质及工艺独到的"金鱼"成为活跃和丰富主体建筑及周边建筑形态的景观要素。同时,该公共艺术又是巴塞罗那奥运会曾在该景观南面附近地中海海面举行过划艇比赛的某种象征性纪念。因而它无论在融入建筑景观空间中的艺术表现,还是在人文内涵上的用心,都是很有价值的(图5-1)。

2. 公共艺术与"点"状场域环境的融合(图5-2)

"点"状场地指城市中供公共活动的广场及一些供人休闲、游乐的场地,公共艺术在此间结合周边硬质建筑、建筑小品、公共设施、水体、绿化及人流等景观元素,常可构成生动、多样的场域景观效应,给人以不同的心理张力与美感体验。

3. 公共艺术与"线"状道路环境的融合(图5-3)

图5-1 金鱼

图5-2 公共艺术与"点"状场域环境

图5-3 公共艺术与"线状"环境

在城市道路两侧的建筑物前预留的公共散步、休息及绿化空间中，公共艺术可与街市的建筑、公共设施、橱窗、广告媒体物及行走的人流形成十分生动有趣的景致。它往往成为一条街道的主要视觉记忆点或趣味点，从而与城市日新月异的街道生活同呼吸，共命运。

4．公共艺术与商业、娱乐环境的融合（图5-4）

无论出于商业的还是出于环境美化的动机，公共艺术依然成为该空间领域的一个组成部分。客观上，它一方面可以吸引人们的关注，激发人气和招引商机；另一方面，它使商业和娱乐产业的视觉形象或品牌形象得以彰显，并给其经营环境带来独具特色的文化意味。

5．公共艺术与照明的融合

公共艺术的创意、设计与现代城市公共空间的环境照明及装饰的融合是构成照明艺术和应用功能相统一的造景方式，并成为不同于一般雕塑样式的、极有推广潜质的公共艺术形式。

6．公共艺术与水环境的融合（图5-5）

水是生命之源，也是世界各大远古文明的发祥之源，各近水的民族都有着自己源远流长的水文化。江、海、河、湖及许多形式的人工构筑的运河、水库、水渠及多种用途的城市水体，它们在作为一种生活、生产资源的同时，必然构成具有深厚美学意义的重要景观资源。公共艺术与水环境、水景观的结合，可创造出丰富无穷的形式语言和无可替代的景观心理效应。

图5-4 公共艺术与商业、娱乐环境的融合

图5-5 公共艺术与水环境的融合

7. 公共艺术与标志性景物的融合（图5-6）

城市交通和公共设施中，各种引导性、告知性、说明性或警示性等标识组成的视觉识别系统，已构成现代开放性大都市公共生活中十分普遍而重要的人性化设施，并构成了不可或缺的文化景观。它们的本意虽不是直接指向美学意义的艺

图5-6 公共艺术与标志性景物的融合

术表现或纯粹精神的揭示,但在客观上,由于它们与城市社会生活息息相关并被广为需要,并由于现代视觉设计艺术的深度介入,使得城市中的许多标识物在完成其视觉传达的使命的同时,同样可能成为极具艺术观赏价值与人文精神共存的公共艺术形态。它们与街市和道路环境构成使人赏心悦目的城市景观,这也将是公共艺术深具平民性和持久生命力的一个重要途径,因为它们更易融入市民大众的生活空间和日常的需求之中而弥久不衰。

5.2 街道景观设计

在城市内部,街道可细分为步行街和人车混行街、机动车交通道路。它们的功能活动类型分别为:步行街和人车混行街具有购物、娱乐、休闲、观演、通行、交通、办公等功能;交通道路具有交通、景观等功能。景观形态分别为:前者,带状狭长空间,围合性强、视域有限,景观人工因素变化丰富多彩;后者,带状空间,围合性弱,视域宽广,动态景观特征显著。在环境生态组成上分别为:步行街和人车混行街包括人、建筑店面、人行道、绿化、道路;交通道路包括道路及沿路两侧绿化、田野或城镇。

5.2.1 街景与环境

步行街的功能主要是商业、文化娱乐及节假日休闲。广场往往作为步行街的节点、高潮所在。在景观形态与文化特征上,步行街尺度往往不大,小巧玲珑,有一些骑楼、门楼、匾牌、幌子、电话亭、广告书亭等街道景观小品和绿化、喷泉等,文化特征就是透过这些景观形态反映出来的。街道环境生态组成主要有人、建筑店面、人行道、树木等。人车混行街的功能活动比较繁杂,有商业、交通、办公等,尺度比较大。机动车交通道路的首要功能是交通,其次是视觉景观形象问题。由于观赏者的速度比较快,大尺度和简洁的景观比较适宜。前几年,国内很多城市都兴建景观大道,以大量修剪繁复的植被及色彩体现城市的风貌。此种做法,虽然视觉效果十分显著,但由于需要大量的人工和机械维持,成本巨大。同样的情况,如果利用自然植被和物种的多样化调节景色,少一些人工的干预,情况会更理想和有实际价值。步行街的景观与功能和地域文化密不可分,好的景观应该使人们感觉舒服、惬意、特色鲜明(图5-7)。

5.2.2 街心公园景观规划设计

道路景观的关键节点是街心公园的设计。一条道路如果单调并平铺直叙,很难给人留下好的印象;相反,如果道路的节奏有所变换,不时出现街心公园

图5-7 步行街的街景

图5-8 街心公园

等可以让人们停留的地方，会让人感到身心愉快。因此，适当控制街道的景观节奏，体现景观的变化是设计师必须掌握的技巧。街心公园可小可大，没有一定的限制，关键在于提供人们停留的空间。在此，对视觉效果的要求可能会弱于对休息、休闲功能的要求。街心公园的设计元素主要包括座椅、雕塑、绿化等（图5-8）。

5.2.3 道路交叉口景观设计

道路交叉口往往是不被设计重视的景观节点，但由于车辆必须在此停留，因此，这里的景观经常会被关注。而这里景观的标志性，也隐含着一个重要的作用——加深对城市的记忆。交叉口的景观通常由建筑、标识、雕塑、绿化组成，交叉口设计的视觉要求大于功能性要求。因此，大尺度、特征明显的设计被经常应用（图5-9）。

5.3 广场景观规划设计

5.3.1 广场景观规划设计基本要素

高密度开放空间的规划设计需要考虑三部分内容：形象、功能、环境。形象对应景观，建广场的主要目的之一是为了创造城市形象；功能对应着使用，不同的情况产生不同的使用要求。但广场的核心应该是使用者"人"，人的行为及其精神需求。环境对应着生态作用、绿化作用，这在广场设计中十分重要。作为广场规划设计，主要应解决定性、定位、容量三方面问题（图5-10）。

图5-9 道路交叉口的景观

图5-10 广场景观规划设计

5.3.2 解决多功能需求（图5-11）

通常广场肩负着多种功能，如集会、观演、停车、疏散、交流、展示等。广场往往是城市的中心或重要的景观轴线焦点，一般广场有自己的主题，也是城市文化的集中体现地。交通是城市广场设计很重要的一个方面，交通问题分为停车、

图5-11 开放的城市广场

道路与内部人流组织等，而停车又可分为机动车和非机动车停车，主要考虑量的问题。另外广场的出入口往往是各种交通的交织点，比较复杂，同时又有形象方面的要求，因而非常重要。广场中的建筑、硬地及绿地的量到底该为多少，至今没有规范上的要求，但与公园明显不同的是，由于广场需要容纳一定数量的人，就要有相应的硬地，这样可能会减少绿地。事实上，解决的办法也较简单，在硬地上留出树穴，保证植物的数量。

广场中的小品、照明很重要，这也是现代城市开放空间的特征之一。因为广场的使用频率较高，夜间也是开放的，需要创造夜景形象，通过照明可以创造奇特的景观效果和特殊意境。广场中的小品还包括通讯设施、雕塑、座椅、饮水器、垃圾箱等。广场中比较难设计的是厕所，因为广场的建筑较少，厕所建筑就显得比较突出。首先位置的选择即很难确定，从使用要求考虑应距主活动区近，但从景观要求考虑又应远离中心活动区；厕所形象特殊，容易辨认但又不够隐蔽，这些矛盾需要解决，有效的办法之一是其建筑风格应尽量与广场主题统一。同时广场还是显示地方文化的重要场所，需要地方传统与适度创新相结合（图5-12）。

图5-12　主题广场

5.4 滨河带景观规划设计

滨水带的规划设计在整个景观规划设计中属于比较复杂的一类,也是设计界比较有挑战性的一类。因为它涉及的内容很多,不仅有陆地上的,还有水里的,更有水陆交接地带的,而且连带的是生态景观问题(图5-13)。

5.4.1 保持内在持久的吸引力

从感应地理学和景观偏爱理论的调查研究表明,滨水带对于人类有着一种内在的持久的吸引力。在大自然中,有几类最吸引人类的聚居环境:第一类是海滨,第二类是河川谷地,第三类是平原,这三类环境基本上都是生存型的;另外还有一类为岛屿,其属于精神型的。岛屿较之以上三类聚居环境,吸引力要小一些,但它往往具有精神意义。这是人类几千年以来形成的对环境的偏爱,解释不清为什么,凡是有水的城市就是人们喜欢的城市。

从自然角度看滨水带的重要性,作用十分明显,因为滨水带能够产生湿地沼泽,不仅有水,还有土,从生态学上讲是孕育万物的地方。世界上孕育生物最多的地方是热带雨林,占全世界面积5%的热带雨林蕴藏了90%以上的生物种类,是生物的基因库与生命源。从景观的角度看滨水带,那是最富变化的地带,有水位起伏带来的变化,野生动植物带来的勃勃生机以及水体带来的流动灵活。

图5-13 滨水带的规划设计

5.4.2 生态化滨水驳岸（图5-14）

生态化驳岸设计核心内容是遵循自然法则，让它们自由地繁衍生息。而这一点，在城市中几乎是不可能看到的。原因在于，人类有能力显示改造自然为人所用，而恰恰这种改造使得原本舒适的气候条件发生了质的变化，天空不再蓝，水也不再清，除了人类以外，其他的物种越来越少。意识到这一点是最近20年的事，我们已经看到了改造自然给人类带来的负面灾害。保护好水体，保护好人类赖以生存的环境是全地球人类的事情。滨水景观的设计是敏感而有棘手的，处理好生态问题不是一朝一夕的事，需要下大力气控制整个水域的现存状况，如果只处理眼前的部分，努力很快会付之东流。

生态化驳岸处理除了保证排洪防洪功能的完整性之外，更重要的是处理人与水间的关系，既不过分干预又要造福于人，形成视觉上的优美环境所在地。

5.5 景观规划设计的现代倾向

在注重环境生态、人居质量、艺术风格、历史文脉和地方特色的今天，景观规划设计具有更广阔的学科视野和研究范围，新的景观设计是为整个人类居住环境服务的。

图5-14 生态化滨水驳岸

5.5.1 景观的人文化倾向

人文特色是人文景观中的灵魂，但人文特色与自然资源相结合才能体现其最终表现力。景观的自然资源增加了自身美学欣赏性，而人文资源则增加了它的文化内涵，因此对这类景观的规划设计必须建立在两者的互相依托和互相借助的基础之上。

1. 考古场地保护与自然景观结合（图5-15）
2. 历史展示与自然景观结合（图5-16）
3. 自然景观中赋予文化主题（图5-17）
4 历史景观的改造（图5-18）

5.5.2 景观的后工业化倾向

现代景观遇到了前所未有的问题，废弃了的工业设施及构筑物该如何处理？是全部推倒重新建设全新的景观，还是保留曾经有的工业生产的痕迹？一种新的景观设计观点相应产生，即后工业时代景观（图5-19～图5-21）。

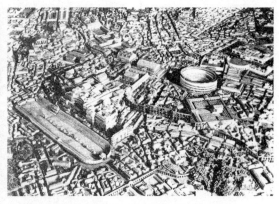

图5-15 考古场地保护与自然景观结合

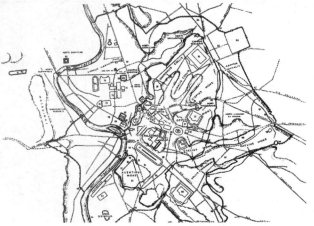

图5-16 历史展示与自然景观结合

图5-17 自然景观中赋予文化主题

图5-18 历史景观的改造

图5-19 杜伊斯伯格公园旧钢铁厂

图5-20 伯格公园的中心广场

图5-21 杜伊斯堡公园

1. 工业遗迹改造

设计基于对工业遗存物的保留和美学欣赏（图5-22～图5-24）。

2. 利用工业旧址的景观再设计（图5-25～图5-29）。

3. 复式景观（图5-30～图5-36）。

5.5.3 景观的生态化倾向

由于认识到良好的生态是一切景观以及人类生活的基础，人类对景观关注的重点重新回到生态环境的治理方面并以此作为设计的重要元素，这类景观分不同的设计目标，如：

图5-22 重新安置的旧转车台

图5-24 旧钢柱步道是穿越自然保护区的通道

图5-23 工业遗迹改造

图5-25 内盖夫磷酸盐矿地形（Ⅰ）

图5-26 内盖夫磷酸盐矿地形（Ⅱ）

图5-27 内盖夫磷酸盐矿地形（Ⅲ）

图5-28 利用工业旧址的景观再设计

1. 生态治理（图5-37～图5-40）
2. 生态改造利用（图5-41～图5-46）
3. 生态旅游（图5-47、图5-48）

图5-29 利用旧构架改造的庭院

图5-30 希腊狄俄尼索斯采石场（Ⅰ）

图5-31 希腊狄俄尼索斯采石场（Ⅱ）

图5-32 希腊狄俄尼索斯采石场（Ⅲ）

图5-33 希腊狄俄尼索斯采石场（Ⅳ）　　　　　　　图5-34 希腊狄俄尼索斯采石场（Ⅴ）

图5-35 伯格公园中心广场水景

第5章 城市景观的分类

图5-36 复式景观

图5-39 雨水沉淀过滤槽

图5-37 景观的生态治理

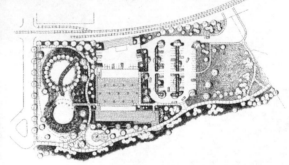

图5-40 收集雨水池

图5-38 美国波特兰市水污染控制试验园

图5-41 美国加州太阳能活动中心（Ⅰ）

111

图5-42 美国加州太阳能活动中心（Ⅱ）

图5-43 美国加州太阳能活动中心（Ⅲ）

图5-44 美国加州太阳能活动中心（Ⅳ）

图5-45 美国加州太阳能活动中心（Ⅴ）

图5-46 美国加洲太阳能活动中心（Ⅵ）

图5-47 生态旅游（Ⅰ）

图5-48 生态旅游（Ⅱ）

5.5.4 景观的艺术化与个性化倾向

景观的艺术化表现在很多方面：特殊艺术气氛的创造，如神秘感、童话气氛等是景观生动有趣的源泉。

1. 特殊气氛（图5-49、图5-50）
2. 具有开放式结局的参与性景观（图5-51）
3. 地方特色（图5-52）
4. 表达寓意的景观艺术（图5-53～图5-56）

图5-49 利用景观营造特殊气氛（Ⅰ）

图5-50 利用景观营造特殊气氛（Ⅱ）

图5-51 开放式结局的参与性景观

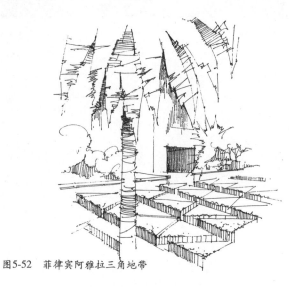

图5-52 菲律宾阿雅拉三角地带

图5-53 德国犹太人博物馆（Ⅰ）

图5-54 德国犹太人博物馆（Ⅱ）

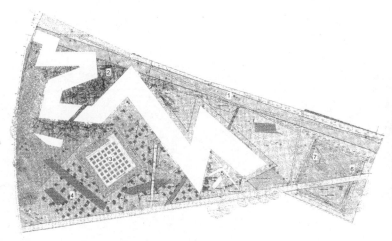

图5-55 德国犹太人博物馆（Ⅲ）

图5-56 景观艺术

参考文献

[1] 冯炜，李开然著．现代景观设计教程．北京：中国美术学院出版社，2004．

[2] 刘滨谊著．现代景观规划设计．南京：东南大学出版社，2005．

[3] 刘蔓著．景观艺术设计．重庆：西南师范大学出版社，2000．

[4] 翁剑青著．公共艺术的观念与取向．北京：北京大学出版社，2002．

[5] 伊恩·本特利等著．建筑环境共鸣设计．大连：大连理工大学出版社，2002．

[6] 凯文·林奇著．总体设计．北京：中国建筑工业出版社，2005．

[7] 安迪·普雷斯曼著．建筑设计便携手册．北京：中国建筑工业出版社，2002．

[8] 张斌，杨北帆著．城市设计——形式与装饰．天津：天津大学出版社，2002．

[9] 金学智著．中国园林美学．北京：中国建筑工业出版社，2005．

[10] 罗伯特·霍尔登著．新景观设计．北京：百通集团云南科学技术出版社，2004．

[11] 中国勘察设计协会园林设计分会编著．风景园林设计资料集——园林植物种植设计．北京：中国建筑工业出版社，2003．

结束语

　　几个月的紧张整理编排工作终于可以告一段落，但内心还是极为不平静。几年来的城市景观设计教学实践让我思考了许多东西，也在实际设计实践中验证了许多我课上所讲授的内容。通过不断地实践、交流，我对本学科的理解也逐步加深，尤其是通过国际学术交流，使我的眼光始终盯在当今景观设计的前沿。我力图将最新的东西讲给学生听，让他们跟我一样对本学科产生浓厚的兴趣。

　　感谢对这本书给予关心及支持的学院和系里领导李炳训教授，感谢天津大学董雅教授为此书的出版鼎力相助，感谢帮我进行大量整编工作的王美丽同志，感谢对插图处理提供帮助的武昶宏同志，感谢所有在工作中给予我帮助的同事和朋友们。